AF325615

ÉCOLE

D'AGRICULTURE

PRATIQUE.

Vois-tu ce Laboureur constant dans ses travaux,
Traverser ses sillons par des sillons nouveaux,
Gourmander sans relâche un terrein paresseux?
Cérès à ses travaux sourit du haut des Cieux.

ÉCOLE
D'AGRICULTURE
PRATIQUE,

Suivant les principes de M. SARCEY DE SUTIÈRES, de la Société d'Agriculture de Paris.

PAR M. DE G****.

Revue, corrigée & augmentée par F.... Agriculteur.

AVEC FIGURE.

Toutefois dans le sein d'une terre inconnue,
Ne va point vainement enfoncer la charrue;
Observe le climat, connois l'aspect des cieux,
L'influence des vents, la nature des lieux,

A PARIS,

Chez MEURANT, Libraire, rue de la ***, vis-à-vis la rue Serpente, n° 2***.

AN V. 1796.

AVANT-PROPOS.

L'HOMME dans l'état de pure nature, ne cherchant qu'à satisfaire
ses plus pressans besoins, se con-
tentoit d'un fruit sauvage pour ap-
paiser sa faim, & l'eau d'une rivière ou d'une fontaine calmoit
les ardeurs de sa soif. Cette heu-
reuse frugalité disparut insensiblement, & ne s'est conservée que
chez les peuples à qui nous avons
donné le nom de *sauvages*; on les
voit encore aujourd'hui se conten-
ter des productions de la terre telles qu'elle les offre sans culture.
Mais les peuples qui abandonnè-
rent la vie champêtre, & qui s'en-
fermèrent dans l'enceinte des murailles, perdirent peu à peu leur
première simplicité; une nourriture grossière & rustique leur parut bientôt rebutante. Pour satisfaire la sensualité dont on com-

mençoit à ressentir les premières atteintes, il fallut chercher les moyens d'adoucir l'âpreté des fruits de la terre, & l'on essaya dès-lors à les cultiver. Les premiers succès, quoique foibles, firent connoître qu'on pouvoit en attendre de plus grands ; l'agriculture devint un art, qui se perfectionna à mesure que les connoissances humaines s'étendirent ; mais cet art qui nous est si nécessaire, a-t-il atteint le degré de perfection où il pourroit arriver ? N'a-t-il plus besoin de principes ? Les terres sont-elles cultivées et améliorées comme elles devroient l'être ? Les récoltes sont-elles aussi abondantes qu'on pourroit l'espérer ? Les productions ont-elles toutes les qualités qu'il seroit facile de leur donner ? En un mot, l'agriculture est-elle dans le meilleur état possible ?

On cultive la terre depuis les temps les plus reculés ; & cepen-

dant on pourroit dire que l'agriculture est encore au berceau. Par-
courez les différentes provinces ;
dans l'une les instrumens aratoires
y égratignent à peine la terre ;
dans l'autre ils sont si lourds & si
grossièrement faits, qu'on ne peut
labourer comme il seroit à propos
de le faire ; ici on cultive *de la
même manière* un vaste terrein sans
avoir égard *aux différentes natures
de sols* qu'on y trouve ; là on donne les labours hors de saisons, &
l'on applique les engrais dans un
temps qu'il ne convient pas ; d'un
autre côté on sème trop tard, soit
en automne, soit au printemps,
&c. On ne finiroit pas, si l'on rap-
portoit toutes les différentes mauvaises cultures qui subsistent dans
le royaume, & qui sont cause
qu'on n'y recueille pas l'immense
quantité de grains qu'il est susceptible de produire.

La culture cependant doit être
une, c'est-à-dire, entièrement con-

forme aux principes que la *Nature* nous donne elle-même. Cette mère sage & prudente, qui ne peut jamais nous tromper, nous indique ce que nous devons faire. Pour profiter de ses leçons, il faut la suivre pas à pas, observer ses moindres mouvemens, l'interroger, pour ainsi dire, sans cesse; car ce n'est qu'à ses vrais disciples qu'elle révèle ses plus profonds mystères. C'est elle qui nous a fait sentir la nécessité d'ouvrir le sein de la terre, d'en briser la superficie affaissée par son propre poids, d'en diviser toutes les parties pour les disposer à recevoir les fécondes influences de l'air qui fournissent aux graines les moyens de se développer, & d'offrir au colon le fruit de ses travaux. C'est elle qui nous a appris à réparer, par le secours des engrais, la perte des sucs nourrissiers que la terre avoit perdus; c'est elle enfin qui nous a mis en état de tirer de la terre toutes fortes de productions pour différens usages. Celui qui s'écarte de la route qu'elle a tracée, se flatte en vain de recueillir le fruit de ses peines.

L'agriculture, ainsi que toutes les sciences, a ses principes généraux & particuliers, & ce n'est que par leur juste application qu'on parvient à une bonne culture. La terre portée naturellement à nous fournir toutes les productions dont elle est susceptible, attend cependant la main du cultivateur intelligent pour l'aider dans ses opérations. Comme elle est composée de différentes natures de sols, elle indique en même temps leur qualité par des plantes analogues à la nature de chaque espèce de terrein; elle fait donc voir ce à quoi chaque nature de terre est propre, & c'est aller contre les loix de la saine physique que d'entreprendre de vouloir lui faire une espèce de violence. Quelque peine qu'on se donne, quelque dépense qu'on fasse, on ne fera jamais porter du froment à une terre qui n'a pas par elle-même les qualités propres à cette production. L'esprit de système, si dangereux dans toutes choses, est de la plus grande conséquence en agriculture. Ce n'est, comme on l'a déjà dit, que de la nature seule qu'il faut prendre des leçons; elles seules peuvent nous conduire sûrement au but auquel nous tendons, c'est-à-dire, une bonne culture.

Les principes qu'on trouvera dans cet ouvrage, y sont entièrement conformes; ils sont simples, parce qu'ils sont naturels. Ce n'est point une agriculture *de cabinet* qu'on offre au public, tels que sont la plupart *des ouvrages économiques* qu'on publie depuis quelque temps, c'est au contraire le fruit d'un travail de plus de vingt ans; c'est le résultat d'expériences confirmées par des succès conti-

nuels dans différentes provinces
du royaume ; c'eſt enfin une méthode qui, loin d'être diſpendieuſe,
offre au contraire les moyens de
diminuer la quantité des ſemences,
des engrais , &c. procure des récoltes plus abondantes , des grains
de meilleure qualité , les garantit
des maladies & des intempéries
des ſaiſons , &c.

Il ſe trouvera , ſans doute, des
incrédules ; on leur répond d'a-
vance : *Eſſayez , mais ne condam-
nez pas ſans avoir fait des épreuves
par vous-mêmes ; ſacrifiez une partie
de votre terrein ; cultivez-le ſuivant
les principes de M. de Sutières ; ſi la
ſaiſon eſt mauvaiſe , & que malgré
toutes ſes intempéries , votre terrein
cultivé, ſelon ſa méthode, vous faſſe
de bonnes productions , pendant que
vos autres ſemences n'auront pas
bien réuſſi dans les terres cultivées
ſelon votre uſage , rendez-vous à
l'évidence , & adoptez des principes
qui ne peuvent que vous être avan-*

tageux à tous égards ; mais si vous persistez à nier la bonté de cette méthode sans vouloir la mettre en pratique, & que vous refusiez de l'adopter, sous prétexte qu'il vous paroît qu'on promet trop, votre critique tombe d'elle-même, & ne mérite aucune attention, puisqu'elle n'a que la prévention pour fondement, ou peut-être la basse jalousie. Encore une fois : *Eprouvez, et jugez ensuite.*

On pourroit objecter que les saisons étant favorables, il ne sera pas facile de sentir la différence qui doit se trouver entre la culture ordinaire & celle de M. de Sutières. On répond à cela que cette distinction ne sera pas aussi difficile qu'on s'imagine. On suppose donc une température d'air des plus favorables, une moisson en conséquence très-abondante ; au milieu de cette abondance & d'une récolte de grains de bonne qualité, qu'on examine sur terrein de même nature, ceux qui ont été chaulés, &

qui font venus fur une terre labourée en planches bombées, on
verra que les pailles de ceux-ci
font plus fortes, qu'ils ont produit plus d'épis, que le grain eft
plus gros, qu'il fournit plus de farine & de meilleure qualité, que
ceux qui ont été produits par une
culture ordinaire. Il y aura donc
une différence & un avantage réel
dans cette culture ; ajoutons qu'on
y aura d'ailleurs épargné fur les
femences & fur les engrais, objets
qu'on ne doit point négliger.

Si toutes les terres qui font en
France étoient cultivées fuivant
les bons principes de l'agriculture,
le royaume deviendroit le grenier
de l'Europe, en fuppofant même
qu'on ne défrichât pas de nouveaux terreins (1). On ne peut

____

(1) L'exportation illimitée, fi fort de-
firée, feroit alors très-néceffaire. Ceux
qui la demandent avec tant d'inftances,
devroient commencer à prêcher la bonne
culture. Tout commerçant fenfé fonge

donner une plus forte preuve de la
mauvaiſe culture de la plupart des
terres que ce qui arrive malheu-
reuſement tous les ans. Les récoltes ſont le plus ſouvent médiocres ; à la réſerve de quelques cantons, toutes les productions en général ſont maigres, les épis peu
grenus, le grain preſque ſans farine, les pailles foibles & creuſes ;
ſi l'année eſt pluvieuſe, la plupart
des bleds ſont couchés à plat, &
ne peuvent ſe relever. Une bonne
culture remédieroit à tous ces in-

---

d'abord à garnir ſes magaſins avant que
d'entreprendre ſon commerce. Quelques
économiſtes ont oſé avancer dans leurs
écrits qu'il étoit inutile de donner des
leçons aux cultivateurs, par la raiſon
que leur propre intérêt les porteroit naturellement à imaginer les moyens les
plus efficaces pour tirer de la terre le
plus grand produit poſſible. On leur demande pourquoi depuis le temps qu'on
cultive, la culture eſt-elle toujours ſi
mauvaiſe dans quantité d'endroits ?

convéniens. Il n'est pas étonnant d'avoir une bonne récolte dans une bonne terre & par une saison convenable aux productions; mais il y a un art à obtenir cette même récolte dans un terrein médiocre, & malgré les intempéries des saisons. Les principes qu'on met ici sous les yeux du lecteur, lui fourniront ces moyens, s'il veut les suivre scrupuleusement & sans préjugés :

Hic est, aut nusquam, quod quærimus.
HORAT.

M. Sarcey de Sutières, dont on ne peut trop louer le zèle patriotique, & qu'aucun intérêt personnel n'engage à écrire, n'a jamais eu d'autre but, en publiant ses principes, que de présenter aux propriétaires des terres & aux autres cultivateurs un moyen efficace d'augmenter leurs revenus. Son amour pour la patrie lui fait desirer que la bonne culture s'étende dans tout

le royaume, & qu'il n'y ait pas un
terrein (propre à la culture du
grain) qui ne rapporte une abondante récolte. Comme il a parcouru plusieurs fois depuis 20 ans
les différentes provinces du royaume, pour en examiner le sol, les
différentes productions & les diverses méthodes de culture, il s'est
trouvé en état de porter un jugement solide sur les choses qu'il a
vues par lui-même. On peut donc
être assuré qu'il n'avance rien dont
il ne puisse donner la preuve, & sur
quoi il n'ait fait des expériences
sans nombre. Tous ceux qui ont
adopté sans préjugés la méthode
de M. de Sutières, & qui ont suivi
scrupuleusement ses principes, en
ont fait les plus grands éloges, &
plusieurs ont même publié dans la
Gazette d'Agriculture les grands
avantages qu'ils en avoient retirés.

ÉCOLE D'AGRICULTURE PRATIQUE.

CHAPITRE PREMIER.

De la nature des terres, des productions qui leur font analogues, & des engrais qui leur conviennent.

LA première étude d'un cultivateur doit être la connoiſſance des différentes natures de terres, leurs diverſes qualités, ce qu'elles ſont capables de produire, & les engrais qui leur conviennent. Avec ces connoiſſances préliminaires il ne ſe laiſſera pas ſéduire par les faux ſyſtêmes qu'on préſente tous les jours, & on ne lui perſuadera pas qu'il eſt poſſible de faire venir du froment dans une terre purement ſableuſe, quelque engrais qu'on y puiſſe mettre. Les obſervations qu'il aura faites ſur chaque nature de terre, l'auront convaincu qu'il ne faut exiger d'un ſol que ce qu'il eſt en état de produire, & qu'il ne faut jamais forcer la terre,

Un moyen bien simple & bien facile pour distinguer les différentes natures de terres, est d'examiner quelle est la plante naturelle qui y domine.

PRODUCTIONS NATURELLES.

Les bonnes terres sont celles qui sont franches & un peu rousseâtres. Les plantes analogues à leur nature sont ordinairement la *racine de patience* (1), le *gros chient-dent*, la *porchelette*, le *pas-d'âne*. Ces sortes de terres sont très-propres au froment.

Les terres à blanc limon ont pour productions naturelles, la *chalouffe* (plante qui vient très-haut, mais qui ne pouvant se soutenir lorsqu'elle est grande, traîne par terre), & du *pavot*. Ces terres peuvent être aussi ensemencées en froment.

Celles qui sont latteuses franches, composées de sable & de terres franches, produisent naturellement le *pavot*, le *chardon à drapier*, le *réveil-matin*, le *pissenlit*, & de la *porchelette*. Elles sont

______

(1) On a cru qu'il étoit plus à propos de nommer les plantes par les noms que les gens de la campagne leur ont donnés, que par ceux qui ne sont connus que des botanistes.

bonnes pour le froment. Les terres latteufes froides, compofées de terre franche, de fable & d'un peu d'argille, donnent ordinairement pour productions
naturelles, *la petite queue de cheval*, *de la
mazoche*, que les gens de campagne appellent auffi *chaillée*, de la *petite marguerite blanche*, du *plumart*, de l'*ivraie* & du
pavot. Ces terres font encore bonnes
pour le froment.

Les terres latteufes froides & humides, compofées de terres franches,
de fable & d'une plus grande quantité
d'argille, donnent à-peu-près les mêmes
productions naturelles que les terres précédentes, excepté que les productions
de celles-ci font plus fortes & plus abondantes. Elles font également propres au
froment. Il arrive fouvent que dans les
années pluvieufes, lorfque les bleds font
verfés, il fort de terre une plante que les
laboureurs appellent *vrille*, & qui s'en-
tortille autour de la paille : ce qui eft
très - incommode au moment de la
moiffon.

Il y a encore des terres blanches latteufes, & également compofées d'un
peu de fable & d'argille, les unes froides,
les autres humides ; elles ont auffi les
mêmes productions naturelles, aux-

quelles il faut ajouter le *vignon*. Elles font bonnes pour le froment.

Les terres rouffeâtres, tirant fur le noir, compofées de fable & d'un peu d'argille (1), produifent naturellement du *vignon*, de la *fougère*; & lorfqu'elles font labourées, elles pouffent du *piffenlit*, de la *queue de cheval*, de la *ma-zoche*, de la *chaillée*, des *marguerites blanches*; dans les temps humides elles font fujettes à donner de l'*ivraie*. Ces natures de terres peuvent être enfemencées en froment.

On trouve des terres fortes, qui font fouvent compofées de glaife & d'autres efpèces de terres. Elles font plus ou moins fortes, felon la quantité de glaife qu'elles renferment. Leurs productions naturelles font ordinairement la *chaillée*, le *pavot*, le *porreau de couleuvre* (2); comme ces terres font mélangées de diverfes efpèces, il eft à propos de n'y femer que du *bled ramé*, c'eft-à-dire, un huitième de feigle, & le refte en froment.

Les terres fortes, compofées de terres

---

(1) On en trouve beaucoup de cette nature dans les landes de la Normandie & de Bretagne.

(2) Efpèce d'oignon dont la graine rend le pain amer, lorfqu'elle fe trouve mêlée avec le grain.

blanches, ou de terres roufseâtres, avec de la glaife & de l'argille, fe nomment *terres glutineufes*. Elles produifent naturellement beaucoup d'*oignons de couleuvres*, du *pavot*, de la *chaillée*. Ces terres ne doivent être enfemencées qu'en gros méteil, c'eft-à-dire, environ un tiers de feigle & deux tiers de froment.

Les terres qui font compofées comme celles dont on vient de parler, mais qui ont outre cela un mélange de tuf & de terres rougeâtres, fe nomment *caffes*. Elles produifent naturellement l'*arrête-bœuf*, *bugrane* ou *buglande*, la *queue de renard* ou *rougeole*; & dans les temps humides on y voit de la *chaillée*, du *pavot*, &c. Ces terres doivent être enfemencées en méteil, c'eft-à-dire, moitié froment, moitié feigle.

Toutes les terres dont on vient de faire mention produifent différentes efpèces de chardon.

Plus les terres font mêlées, plus leurs productions naturelles font variées & abondantes.

La queue de cheval, la grande quantité de *chaillée* et d'*ivraie* indiquent ordinairement qu'un terrein eft très-humide.

Il y a des terres d'un gris foncé, & qui ont des cailloux de même couleur

& mélangés. Si on les décomposoit, on y trouveroit de l'argille, des terres roussˆeâtres, des terres noires, meubles, du sable, de la marne, du blanc limon, &c. Leurs productions naturelles, suivant le plus ou le moins d'humidité, sont par place, de la *chaillée, de la queue de cheval, des chardons de toutes espèces, du pavot, du plumart, de la queue de renard, & de l'arrête-bœuf.* Comme toutes ces différentes plantes indiquent assez le mélange des terres, il est donc essentiel de n'y semer que du méteil ; c'est-à-dire, moitié froment & moitié seigle.

On trouve de bonnes natures de terres noires & d'autres roussˆeâtres qui donnent naturellement des *hièbles* en abondance. Quoique ces terres, par leur nature, soient de bonne qualité, elles n'ont cependant pas assez de corps pour empêcher les bleds de verser, ou d'être *chaussonnés* dans les grandes chaleurs du printemps. Il faut donc, pour soutenir le froment dans ces sortes de terres, & le garantir de tout accident, le mêler avec un huitième de seigle, c'est ce qu'on appelle *bled ramé.* Il y a des natures de terres meubles un peu plus légères, & qui produisent par intervalle quelques *hièbles* & de la *sanvre ;* celles-ci ne doivent être ensemencées qu'avec un tiers de seigle & deux tiers de froment.

Les terres légères noires, dans lesquelles on trouve aussi un sable noir & gras, & qui produisent abondamment de la *sanvre* & des *barbeaux*, ne sont propres qu'à être ensemencées en méteil, c'est-à-dire, moitié seigle & moitié froment.

Les terres noires veules, dans lesquelles on trouve du *grateron*, ne peuvent porter que du seigle.

Les terres légères sableuses, où il croît de la sanvre blanche, ne sont également propres qu'au seigle. Ces espèces de terres sont chaudes.

Celles qui sont sablonneuses, mêlées de craie et de marne, & qu'on nomme terres *courtes* & *chaudes*, produisent de la *sanvre*, du *mélilot*, du *chardon roland*, sont susceptibles d'être ensemencées en petit méteil, c'est-à-dire, un peu moins d'un quart de froment, & le reste en seigle.

Les terres caillouteuses & sableuses, & dans lesquelles on ne trouve ordinairement pour productions naturelles qu'une petite herbe qu'on appelle *faux bled*, ne sont propres qu'au seigle.

Les terres poreuses (il y en a de jaunes parmi cette espèce) qui sont mêlées de crayons, de terres légères & rougeâtres, produisent naturellement, par intervalle, la *grosse sanvre*, le *faux panais*, l'*arrête-bœuf*, le *mélilot*. On ne peut mettre que du petit méteil dans ces natures de terres.

Celles qui sont blanches, crayonneuses & marneuses, poussent naturellement de *faux panais*, quelques *sanvres blanches*, & de l'*arrête-bœuf*. Elles sont susceptibles de porter du méteil, c'est-à-dire, un tiers de froment & deux tiers de seigle.

En général, toutes les terres courtes sont plus ou moins chaudes, suivant qu'elles sont plus ou moins mêlées de sable, de terres crayonneuses, marneuses & caillouteuses; & toutes ces terres plus ou moins mêlées de diverses natures de terres, sont plus ou moins chargées de différentes productions dont on a parlé ci-dessus. Elles sont toutes susceptibles de produire du grain en les améliorant par des engrais qui leur soient analogues.

DES ENGRAIS.

Je ne renouvellerai point ici cette question si souvent débattue ; savoir si la terre n'est qu'une pure matrice, ou si elle a par elle-même quelque vertu végétative. Cette diſcuſſion eſt inutile pour les cultivateurs ; il leur ſuffit de ſavoir *que la graiſſe contribue au développement & à l'accroiſſement des plantes, & que cette graiſſe n'auroit aucune action ſi elle n'étoit diviſée par les ſels* (1).

Il s'enſuit de ces principes, que pour obtenir de bonnes productions, il faut ne ſemer que dans une terre qui ait naturellement cette graiſſe & ces ſels, ou à qui on les aura fournis par le moyen des engrais qui les contiennent. Les engrais formés de végétaux ne conſervent pas long-temps leur vertu fécondante, parce qu'ils ſont trop tôt détruits ; ainſi il eſt plus à propos d'employer les engrais des animaux, qui d'ailleurs ont plus de graiſſe & de ſels.

Il faut remarquer que plus une terre eſt légere, moins elle conſerve long-temps les principes de fécondité qu'elle

---

(1) Voyez Wallerius, dont les extraits ſe trouvent dans les Gazettes d'Agriculture de la fin de l'année 1768 & du commencement de 1769. Cet auteur fait voir très-clairement que trop de ſel abſorberoit entièrement les parties graſſes, & que par conſéquent il ſeroit nuiſible à la végétation. L'urine, dit-il, eſt un bon engrais, non pas à cauſe du ſel qu'elle contient, mais à cauſe de ſes parties huileuſes.

peut avoir par elle-même, ou qu'on lui
a substitués par les engrais. Il est encore
essentiel d'observer que la trop grande
quantité d'engrais nuit à la production
du grain. Elle fait épousser la plante, qui
ne produit plus qu'une paille foible,
creuse, facile à verser, au bout de laquelle on voit un épi maigre, & dont le
grain est à peine rempli de farine. On ne
doit donc donner que la quantité d'engrais nécessaire à chaque production, en
observant de plus la nature de la terre à
laquelle l'engrais doit être analogue. Ce
seroit une erreur que de s'imaginer qu'à
force de fumier on rendra une terre purement sableuse, propre à produire du
froment. Ces tentatives ridicules ont été
faites de nos jours, mais sans aucun succès. Il en sera de même de toutes celles
qui ne seront point guidées par la nature.
Un auteur moderne avoit fait un calcul
singulier. Si, disoit-il, huit charretées
de fumier pour tel espace de terrein donnent une bonne récolte, seize charretées
doivent la doubler, & par conséquent
vingt-quatre la tripleront. Tout bon cultivateur sentira aisément le faux d'un
pareil raisonnement. C'est comme si l'on
disoit : deux livres de pain par jour suffisent à un homme pour entretenir ses

forces ; faites-lui-en manger quatre, il sera deux fois plus fort ; allez jusqu'à six, & ses forces seront triplées. C'est contre de pareils systêmes qu'il est à propos de s'élever, de peur que le colon qui ne connoît pas encore bien les principes de la nature, ne se laisse séduire, & que cette séduction ne le conduise à sa perte. Celui qui emploiera trop de fumier, dépensera beaucoup, & perdra sa peine & ses avances. Les meilleures choses en elles-mêmes deviennent nuisibles, lorsqu'elles ne sont point employées comme il convient. Pour tirer des engrais tout l'avantage qu'on doit en attendre, il faut s'attacher *à la qualité & à la quantité.*

Une autre observation, qui n'est pas moins essentielle, c'est le temps propre à mettre les engrais afin qu'il n'en résulte aucun inconvénient. Le fumier doit être employé au commencement ou pendant l'hiver ; les pluies de cette saison, les neiges, les gelées mêmes le consomment & le mettent plus en état de se mêler au 2 ou au 3e labour avec la terre, à laquelle il donne du corps en s'amalgamant avec elle. Il a d'ailleurs le temps de jeter tout son feu, & de faire éclore les insectes destructeurs que le froid de la saifon fait bientôt périr. Si on le met au contraire au printemps ou en été, il procure la naiſſance de ces mêmes inſectes qui alors déſolent les campagnes. On doit encore avoir grande attention à ne pas trop laiſſer conſommer les fumiers de chevaux, de vaches, &c. En ſe conſommant à l'air, ils perdent par l'évaporation une partie de leurs ſubſtances, & alors ils n'ont plus la même force que lorſqu'on les applique avant qu'ils ſoient décompoſés par la fermentation.

Paſſons maintenant en revue les différentes natures de terres, & voyons quels ſont les engrais qui leur conviennent.

Je vais d'abord commencer par les terres ſableuſes & ſablonneuſes qui ſont les plus ſtériles. Si l'on a dans le voiſinage quelque bonne nature de terre, même des terres argilleuſes, caſſes, glutineuſes ou glaiſeuſes, il faut en faire tranſporter ſar le terrein ſableux environ 50 tombereaux par arpent. Ce mélange mettra le terrein en état de rapporter du petit méteil dont les épis ſeront bien grenus, au lieu de mauvais ſeigle qu'il produiſoit auparavant. Cette eſpèce d'engrais pourra durer trois ans ſans qu'il ſoit néceſſaire d'en employer d'autre. Dans le cas où l'on n'auroit pas de ces ſortes de terres,

mais

mais qu'on trouvoit des décombres de bâtimens, on pourroit les employer pour faire ce mélange, mais alors il faudroit y ajouter du fumier de vache qui ne soit pas trop consommé, & le mettre avec le premier ou le second labour. Par ce moyen il a le temps de se consommer dans la terre, de s'y incorporer, & d'y introduire ses parties huileuses & fécondantes. Lorsqu'il a entièrement jeté son feu, il communique une fraîcheur qui modère la qualité brûlante des terres sableuses.

Il ne faut en cette occasion par arpent que six bonnes voitures de fumier *qui ne soit pas trop consommé*. On pourroit même, si l'on n'avoit pas assez de fumier de vache, y mêler celui de cheval, pourvu que l'application de ces fumiers se fasse au commencement ou pendant l'hiver.

Tous les terreins crayonneux, marneux, caillouteux & pierreux, qui font des terres courtes & chaudes, peuvent être traitées, pour l'application des fumiers, de la même manière que les terres sableuses & sablonneuses; mais il ne seroit pas à propos d'y mettre des décombres de maisons, qui sont ordinairement en chaux ou en plâtre. On en sent aisément la raison.

B

Les terres caillouteuses, pierreuses, mélangées de terres caffes, qui par cette raifon font un peu fortes, & cependant courtes, doivent être engraiffées avec des fumiers de vaches & de chevaux, mêlés enfemble. Comme ces terres en général ont plus de force que celles qui font purement fableufes ou fablonneufes, il ne leur faut par arpent que cinq voitures de fumier, qui doivent être mis au premier ou au fecond labour.

Les terres caffes, rougeâtres, glaifeufes, glutineufes, font fortes & mélangées. Les engrais qui leur conviennent le mieux, font des fumiers mêlés, un peu de marne, des gazons ou des terres meubles. Ces mélanges d'engrais fervent à divifer les groffes mottes que ces fortes de terres forment ordinairement, & à les rendre tellement meubles, qu'il n'y a plus à craindre qu'elles fe mettent en mottes. Cinq voitures de ces fumiers mélangés & non confommés fuffiront par arpent.

Les terreins compofés de terres rougeâtres ou de terres blanchâtres & d'un peu d'argille, & dans lefquels on trouve des plantes naturelles qui indiquent l'humidité, doivent être engraiffés avec du fumier de cheval qu'on pourroit mêler de fumier de bergeries. Quatre voitures

de ces engrais, pas trop consommés, fuffifent par arpent (1).

Le parc feroit bien avantageux pour
ces fortes de terres, en l'appliquant un
mois ou environ avant que de faire le
bled ; mais il ne faudroit pas l'appliquer
trop fort.

Comme toutes les natures de terres
dont on vient de faire mention, font
courtes & plus ou moins chaudes, on
peut leur appliquer à toutes le parc, en
obfervant cependant de ne le faire que
fur le chaume du bled, le parc ainfi appliqué un peu fort, brûlera les racines
de l'arrête-bœuf, *du mélilot*, *de la queue de
renard*, &c. en un mot, de toutes les
productions naturelles à ce fol. Il faut
obferver que ce parc ainfi appliqué fur
le chaume, le pourrit & le convertit en
fumier ; ce chaume enterré avec le parc,
prefqu'auffi-tôt qu'on retire les moutons
de ce terrein, y formera un excellent
engrais, qui, après avoir détruit les
mauvaifes plantes & jeté fon feu pendant l'hiver, fera faire des productions

---

(1) Il eft inutile de répéter à chaque article que,
pour bien faire, il faut mettre ces engrais au commencement ou pendant l'hiver, au premier ou
fecond labour.

de grains de mars très-abondantes & de
bonne qualité ; mais il faut avoir foin ,
avant que de femer *les mars*, de donner un
bon labour dans cette faifon. Il refte encore à ces fortes de fols , après l'année
de jachères , affez de graiffe & de fels
qui proviennent du parc ainfi appliqué ,
pour pouvoir y femer différentes efpeces
de bleds ; il fuffit d'y mettre alors la
moitié des fumiers qu'on avoit coutume
d'employer auparavant que d'y avoir
appliqué le parc. Les plantes que produiront ces fols, ainfi préparés , feront
plus abondans en grains , & de meilleure
qualité que celles des mêmes terreins qui
n'auront pas été engraiffés de cette manière : ajoutons que les pailles feront
auffi plus belles & plus fortes.

Lorfqu'on veut donner du corps à une
terre légère , trop meuble ou veule , il
faut les mêler avec des terres fortes , glaifeufes , glutineufes, franches dites à blanc
limon & latteufe , ou enfin avec quelque
terre que ce foit , pourvu qu'elle foit
forte & compacte. Si l'on ne poffède aucune de ces terres dans fon canton , il
faut alors avoir recours au fumier de
vaches un peu confommé, & l'appliquer
au troifième ou quatrième labour. Cet
engrais donnera à la terre un peu de con-

siftance, & lui fournira les sucs dont elle a befoin pour faire des productions. Il faudroit cependant avoir encore atten- tion, lorfque ces fortes de terres font enfemencées, d'y faire paffer deux ou trois fois le troupeau ; cette opération confolideroit le terrein. Il eft encore un autre moyen, qui même feroit meilleur ; ce feroit, après avoir donné quatre la- bours à ces fortes de terres, de les enfe- mencer en bled méteil, & d'y appliquer enfuite le parc. Cette opération procu- rera au fol tout l'engrais qui lui eft né- ceffaire, & donnera en même temps à la terre affez de force pour confolider les racines de la plante du bled, & les em- pêcher de fe déchauffer. Ceux qui n'ont point de troupeau peuvent après l'hiver faire paffer par-deffus leurs bleds, la herfe à l'envers & chargée ; les laboureurs ap- pellent cette manœuvre *poutrer les bleds*. Par ce moyen on écrafe les petites mottes de terre que l'hiver a formées, on ré- chauffe le pied du bled, & l'on raffermit le fol ; la racine prend alors plus de nour- riture, & la plante fe fortifie (1). Tous

____

(1) On comprend fans doute que, n'ayant pu appliquer le parc faute de troupeaux, il a été né- ceffaire de mettre dans les terres dont il s'agit, le fumier de vache, comme il a été dit ci-deffus.

ces procédés font les feuls capables d'empêcher les bleds de verfer dans ces fortes
de natures de terre (1).

Les terres latteufes font plus ou moins
compofées de terres franches, de fable &
d'argille, & en conféquence elles font
plus ou moins humides. Il y en a de même
efpèce qui font compofées de terres blanches, d'argille et de fable ; d'autres qui ne
font que des terres à blanc limon. L'engrais propre à toutes ces natures eft le
parc ; mais il faut le mettre avant que de
donner le troifième & le quatrième coup
de charrue. Les fumiers des bergeries &
ceux des chevaux, font ceux qui leur
conviennent le mieux ; & comme ces
terreins font froids & humides, & qu'il
arrive fouvent qu'ils fe battent & fe dur-
ciffent, on doit employer ces fumiers un
peu confommés au troifième ou quatrième labour, feulement pour les terres
les plus humides. On ne doit pas craindre

---

(1) En général on ne craindra point les verfe-
méns des bleds lorfqu'on aura attention de ne
donner aux terres que la qualité & la quantité de
grains qui leur conviennent ; de ne mettre d'engrais que ce qui eft abfolument néceffaire, & analogue au terrein, & dans les temps convenables,
enfin, de *chauler* les grains. Ce fujet fera plus am-
plement traité dans un des chapitres fuivans.

que ces fumiers, quoique très-chauds, brûlent, dans ces fortes de terreins, la plante du bled. Dans le cas où ces terres feroient battues par de fortes pluies, ou qu'elles auroient produit de mauvaifes herbes depuis le dernier labour, il feroit très-à-propos de donner un cinquième labour avant les femailles.

Il y a de ces terreins, fur-tout ceux qui font en terres franches, argille & fable froid & humide, qu'on ne pourroit mieux améliorer qu'avec les différentes fortes de marne. Toutes les terres froides & humides, de quelque nature qu'elles foient, à moins qu'elles n'aient un fond de terre marneufe ou crayonneufe, font toutes dans le cas d'être marnées. Rien ne donne plus de force à la terre, plus de nerfs à la plante, qui produit des épis très-chargés de grains & d'une bonne qualité.

On fe fert avec fuccès du *varec* (1) &

---

(1) Le varec ou vrac, eft le gouemont de la Bretagne, & le *ficus maritimus veficulos habens* de Tournefort. Les marins donnent le nom de gouemont ou varec à certaines plantes noueufes & longues, qui croiffent en grande quantité dans le fond de la mer jufqu'à une demi-lieue du rivage. Les vagues détachent fouvent ces plantes & les raffemblent fur les côtes, où on les prend pour fu-

autres engrais maritimes, pour les terres
ci-dessus désignées qui avoisinent la mer.
Si l'on veut retirer du *varec* tout l'avantage qu'on a lieu d'en attendre, & le bien
mêler avec la terre, il est à propos de le
bien faire pourrir avec les fumiers de
basse-cour. A l'égard d'une espèce de
sable de mer, que plusieurs connoissent
sous le nom de *tangue* (1), on peut le
transporter tout de suite sur le sol, le
répandre & l'enterrer avec la charrue. Si
cette opération pouvoit se faire au premier labour, elle n'en seroit que plus
avantageuse, par la raison que cet engrais se trouveroit bien mêlé & incorporé

---

mer les terres. On en fait de la soude dans l'ami-
rauté de Cherbourg.

(1) Tangue de mer est un sable marin léger &
terreux. Les laboureurs des côtes de la mer en dis-
tinguent quatre espèces. La première est d'un gris
blanc ou cendré clair, & ne forme guère que
deux lignes d'épaisseur sur le rivage. La seconde se
nomme *tangue forte* : elle est pesante, d'une couleur d'ardoise, & forme une couche de 15 à 18
pouces d'épaisseur. La troisième est la *tangue légère*
dont on a retiré le sel. Les laboureurs ont coutume
de la transporter pendant les chaleurs sur le fonds
des marais salans qu'on laboure & qu'on herse
pour bien mêler & unir ces deux terres ensemble.
La quatrième est la *tangue usée* ; c'est celle dont
on a retiré deux fois le sel. Il reste à cette dernière
assez de qualité pour l'usage des laboureurs.

avec la terre par le moyen des autres labours; ce mélange également fait, occasionne une égalité de productions dans
tout le terrein.

Toutes les terres dont on vient de parler, n'ont besoin, par arpent, que de
quatre bonnes voitures de fumiers à
moitié consommés, & avec cette prépa-
ration on peut les ensemencer en froment;
mais, on le répète, il faut employer les
fumiers avant ou pendant l'hiver, afin
de leur donner le temps de se pourrir
comme il faut, & de s'amalgamer avec
la terre. Si l'on vouloit n'employer le
fumier qu'au dernier labour, il faudroit
qu'il fût entièrement consommé, autrement on risqueroit en herfant de ramener
de grandes pailles qui dérangeroient les
semences, & seroient cause que la terre
ne seroit pas également garnie. Il y a encore une raison sensible qui devroit engager le cultivateur à ne jamais mettre ses
fumiers à demi consommé lorsqu'il est
prêt de semer; c'est que le fumier, dans
cet état, produit une grande quantité de
plantes qui nuisent au bled; au lieu qu'en
employant cet engrais dès le premier labour, on est sûr, par le moyen des autres,
de détruire toutes ces mauvaises plantes;
ajoutez à cela que la terre est bien mieux

engraissée, en enterrant le fumier de bonne heure, & par conséquent plus propre à donner de bonnes productions. Il y a encore un autre avantage, c'est qu'au dernier labour, la terre ameublie par l'engrais qui a fait corps avec elle, ne forme plus de ces grosses mottes qui ont peine à se briser ; elle se divise au contraire avec facilité, & le terrein se trouve souvent aussi uni que s'il étoit labouré avec la bêche.

On peut encore former l'engrais avec la charrue ; mais ce moyen n'a lieu que pour les bons fonds de terre. En voici le procédé.

Lorsque le dessus du sol commence à s'user, & qu'on veut ménager les engrais, on fonce la charrue au premier labour de deux pouces de plus qu'à l'ordinaire, & l'on mêle cette terre nouvelle avec l'ancienne. Les terres ainsi mélangées sont en état de donner de bonnes productions, sans qu'il soit nécessaire d'y mettre aucun engrais. Cette opération ne doit se faire que dans les terres de bonne qualité, & avant l'hiver. Si le fonds étoit mauvais, il faudroit bien se donner de garde de le ramener dessus, on gâteroit la bonne terre, & la mauvaise ne se trouveroit pas suffisamment améliorée, com-

me on le dira dans l'article des labours.
On peut avoir recours à ce moyen pendant plusieurs années, si la qualité du sol le permet. C'est une économie, & toute économie est précieuse en agriculture comme dans le commerce. Ceux qui douteroient, *raisonnablement*, de l'efficacité de cet engrais, pourraient l'essayer dans une petite portion de leur terrein. C'est ainsi que l'homme prudent agit ; il ne rejette ni n'approuve rien sans examen.

Dans le cas où l'on ne pourroit pas se procurer des fumiers d'animaux (qui sans contredit sont les meilleurs), il y auroit un autre moyen facile d'engraisser un terrein. Il ne s'agiroit pour cela que de semer sur ce terrein de la vesce, des pois, des fèves, lentilles ou autres graines, mais sur-tout celles qui coûtent le moins. Lorsqu'elles sont prêtes à fleurir, on les enterre par le moyen d'un bon labour. On en donne par la suite deux autres avant que de semer le bled. Ces plantes, bien consommées & bien mêlées avec la terre, lui fournissent les graisses & les sels dont elle a besoin. Comme ces sortes d'engrais sont dispendieux, on ne les conseille que dans les cas de nécessité. Il faut d'ailleurs observer que les engrais des végétaux n'ont pas autant de force

& de durée que ceux qui font tirés du règne animal. On l'a déjà dit plus haut.

Le chaulage tient encore lieu d'une partie de l'engrais ; ainſi en chaulant les grains, on ne doit mettre que les deux tiers du fumier qu'on emploieroit ſi l'on ne chauloit pas. Ce ſujet ſera traité plus au long dans l'article du *Chaulage*.

Les marnes de toutes eſpèces peuvent s'appliquer à toutes ſortes de terres de quelques natures qu'elles ſoient ; il faut en excepter ſeulement celles qui ſont chaudes par elles-mêmes, & qui portent déjà dans leur ſein dès la marne, dès cailloux, du crayon & du ſable ; mais il faut être bien attentif à ne mettre dans les terres, auxquelles cet engrais convient, que la quantité qu'exige leur degré d'humidité, autrement on riſqueroit de tout perdre. Pour bien connoître la marne, il n'y a qu'à en répandre un peu ſur le ſol avant l'hiver ; ſi elle eſt bonne, elle s'é-caillera à la moindre pluie & elle ſe diſ-ſoudra (1). Mêlez-la enſuite avec la terre par le moyen de deux ou trois labours, & elle produira un très-bon effet. Les

---

(1) Il n'en eſt pas de même de la terre glaiſe qui conſerve l'eau, & qui ſe diſſout très-difficile-ment.

récoltes feront abondantes & les grains
auront une bonne qualité, puifqu'ils feront produits par une plante forte & vi-
goureufe qui donnera de bonne paille.
La marne a encore la vertu de faire périr
les mauvaifes herbes.

C'eft un préjugé que de croire que la
marne effrite la terre & qu'elle l'appau-
vrit. Elle peut produire fes bons effets
pendant 20 & même 25 ans; mais M. de
Sutières eft d'avis qu'on emploie en
même temps les fumiers analogues au
terrein (1).

Il eft naturel que les principes de la
végétation, répandus dans toutes les
parties des marnes que l'air pulvérife,
s'anéantiffent par degrés, & viennent
enfin au point de ne plus être fenfibles.
La terre retombe alors dans fon premier
état. Qu'on la marné de nouveau, on
lui donnera une nouvelle vigueur, qui
pourra être renouvelée d'âge en âge fans
interruption.

Voyons ce que M. Wallerius, célèbre
chymifte de l'Univerfité d'Upfal, penfe
de la marne.

____

(1) On fait qu'il y plufieurs efpèces de marnes, & M. de Sutières a obfervé qu'on trouve ordinairement celle qui convient particulièrement
au terrein où on l'a découverte.

La marne, dit M. Wallerius (dans ſes élémens d'Agriculture phyſiques & chymiques), eſt une terre compoſée en quelque ſorte d'argille & de chaux ; elle participe par conſéquent de l'une & de l'autre. Toute eſpèce de marne s'entr'ouvre & ſe déſunit dans l'eau, & quelque dure qu'elle ſoit lorſqu'on la creuſe, elle ſe réduit à l'air en une pouſſière très-menue, tantôt promptement, tantôt avec plus de lenteur. Elle a de commun avec l'argille d'attirer & de retenir l'eau, mais dans une moindre quantité. Si l'on calcine la marne, elle ſe reſſerre, mais elle attire enſuite plus fortement l'eau ; & étant expoſée à l'air, elle ſe convertit en une eſpèce de fine farine. Si l'on fait un extrait chymique de la marne avec de l'eau, on n'en peut tirer aucun ſel ni aucune matière graſſe ou huileuſe. J'ai eſſayé, continue l'auteur, de la cuire pendant long-temps avec de l'eau, & après avoir filtré la décoction, elle n'a point changé la couleur du ſyrop de violette, ni précipité le mercure que l'eau-forte avoit diſſout ; elle a ſeulement dépoſé, long-temps après, une petite quantité de mercure ſublimé, de couleur blanchâtre.

La marne ne rend, par la diſtillation,

ni graisse ni huile , & l'eau , distillée avec la marne , ne participe point de sa nature. La marne en général fermente avec toutes sortes d'acides ; elle les attire & les absorbe , mais elle ne les détruit pas tout-à-fait ; ces acides ne peuvent pas non plus le dissoudre entièrement. On a essayé de mettre deux dragmes de marne dans deux onces d'eau-forte , on l'a fait cuire avec cette marne , & cependant elle n'a pu en dissoudre douze grains. L'eau-forte retirée de dessus la marne , & mêlée avec un sel lexiviel , a fermenté ; mais ce qui est resté de la marne , après cette solution , paroissoit être , en le touchant, comme de la poussière ou du sable.

Toute marne dissout la graisse & l'attire ; c'est par cette raison qu'elle enlève les taches de graisse des habits.

Après ces observations chymiques , M. Wallerius examine pour quelles raisons la marne contribue à la fertilisation.

Ce n'est point, dit l'auteur , par ses propres principes, puisqu'elle ne contient aucune graisse ni aucun sel fertilisant ; mais elle y contribue en attirant l'humidité , de même que les acides & les parties grasses & huileuses de l'air. La marne calcinée fait plus promptement ces effets,

& par cette raison les Anglais la cal-
cinent) souvent avant que de l'employer. Il faut d'ailleurs observer que
plus on remue la marne, plus elle devient utile.

Cette terre contribue encore à la fertilisation, en détruisant toute l'acidité des
terres, ou en éloignant celles qu'elles
pourroient tirer des eaux croupissantes,
& peut-être même en prévenant la trop
grande acidité des semences. Elle fertilise,
en dissolvant la graisse des terres, & en
diminuant l'adhésion des particules de
l'argille qu'elle rend plus aisée à cultiver
& plus propre à l'accroissement des végétaux.

Elle fertilise, en donnant une plus
ferme consistance aux terres légères & sablonneuses, & en leur procurant d'ailleurs une certaine fertilité, par les raisons
qu'on a données ci-dessus. Les Anglais
s'en servent avec succès dans les terres
sablonneuses.

Mais la marne peut être nuisible lorsqu'on l'emploie avec trop d'abondance.
1°. Elle dissout & épuise promptement la
graisse des terres. 2°. Elle les desseche
trop, parce qu'elle participe de la nature
du sel alkali. 3°. Elle convertit un fonds
argilleux en une terre dont les parties

font moins cohérentes , & qui ne conferve pas l'eau.

Ces avantages ou inconvéniens de la marne différent extrêmement , à proportion qu'elle eft plus ou moins mêlée de terre calcaire , ou plus ou moins argilleufe. L'ufage de la marne doit être réglé fur fa nature & fur celle du terrein. Pline a obfervé qu'elle devoit être employée dans une terre froide & humide. Il y a des cultivateurs qui la mêlent avec l'engrais (1).

Plufieurs perfonnes ont regardé le fel comme un excellent engrais, & elles ont publié les prétendus avantages qu'elles en avoient retirés, attribuant à ce minéral les vertus qu'il n'avoit pas , & négligeant d'obferver les raifons phyfiques pour lefquelles il avoit pu produire de bons effets dans certaines circonftances. Comme cet ouvrage eft deftiné à l'inftruction des cultivateurs , il paroît à propos d'y combattre toutes les erreurs & de détruire , s'il eft poffible , tous les préjugés. Pour faire connoître les véritables propriétés du fel employé dans la culture de la terre, je crois devoir employer de

____

(1) On a vu plus haut que c'eft le fentiment de M. de Sutières.

nouveau les connoissances chymiques &
physiques de M. Wallerius. L'autorité
de cet habile physicien fera peut‑être
quelqu'impression sur ceux qui s'étoient
laissés trop aisément séduire par les écrits
qu'ils avoient lus en faveur du sel comme
engrais.

M. Wallerius (dans l'ouvrage déjà
cité) prétend, d'après plusieurs expériences chymiques, que le sel, loin de
contribuer à la végétation, seroit plutôt
capable de l'arrêter. Une telle assertion
paroîtra d'abord révoltante à ceux qui
ont recueilli d'abondantes récoltes sur
des terres où ils n'avoient mis pour engrais que des limons tirés de la mer. Mais
avant que de condamner notre auteur,
il est juste de l'écouter ; on verra même
qu'il convient que l'emploi de cet engrais
est très‑bon, & que cette expérience n'a
rien de contraire avec la proposition
qu'il avance.

Les sels, de quelqu'espèce qu'ils soient,
dit‑il, *ne peuvent pas servir de nourriture
aux plantes, ni avancer par eux‑mêmes la
végétation.* Il le prouve,

1°. Par les expériences de M. Kraftius,
comme on le peut voir dans le tome 11
de ses nouveaux Commentaires des Arts
de Pétersbourg. Cet habile naturaliste

mit des femences dans un fable bien defféché, & après les avoir humectées avec
de l'eau commune, il a obfervé qu'elles
avoient germées le cinquième jour, comme dans la terre noire. Il mêla dans un
autre vafe du fable defféché avec du fel
marin, dans un fecond vafe avec du
nitre, & dans un troifième avec de la
potaffe. Il prit auffi la précaution d'arrofer ce fable avec de l'eau ; mais tous
fes foins furent inutiles, car les femences
ne germèrent point dans ces mélanges.
M. Alfton, autre naturalifte, a de même
obfervé dans *fes Elémens de Botanique*,
que les fels de différentes efpèces, mêlés
avec la terre, empêchoient non-feulement
l'accroiffement des plantes, mais qu'ils
les faifoient même périr. Cette même vérité eft encore confirmée par quelques
expériences de M. Bonnet, *dans fes Recherches fur l'ufage des feuilles*, qui tendent
toutes à prouver que l'eau pure, qui ne
contient aucuns fels, ou en très-petite
quantité, forme la meilleure nourriture
des plantes, & que celle au contraire,
qui eft imbue de particules âcres, fulfu-
reufes, ou de particules d'urine, de lait
& d'efprit-de-vin, nuit à leur accroiffement.

2°. La nature des végétaux nous fait

connoître qu'il ne renferment aucun sel
minéral, excepté quelques sels marins,
dans lesquels se trouve des particules
de sel admirable; car les sels qu'on rencontre dans quelques végétaux, sont
d'une autre nature. J'ai fait, dit M. Wallerius, un grand nombre d'expériences
sur les végétaux dont on compose le
pain, mais je n'ai pû en tirer du sel.
D'ailleurs les sels n'étant point nécessaires
à la composition des fibres des plantes,
on voit aisément par-là qu'ils sont aussi
peu propres à les faire vivre, qu'à faire
vivre les animaux.

3°. La nature des sels minéraux nous
persuade qu'ils ont plutôt la vertu de
durcir les corps, que celle de nourrir les
végétaux. Pline étoit convaincu de cette
vérité; cependant, afin qu'il ne restât
aucun doute, continue M. Wallerius,
j'ai dissous du nitre dans de l'eau, & après
avoir fait tremper dans cette eau, ainsi
mêlée avec le nitre, des semences de végétaux, j'ai observé que ces semences,
bien loin de germer, ne se gonfloient pas
même; mais qu'elles se durcissoient de
plus en plus. On remarque aussi, ajoute
l'auteur, que les viandes se détruisent
dans la saumure. Les sels ne peuvent pas
plus s'adapter à la substance des végétaux

qu'à celle des animaux, qui rendent ces sels en nature, ou s'ils se mêlent dans leurs corps avec les fluides, ils ne sont point changés par ce mélange.

4°. Le refroidissement que les sels moyens, & sur-tout le nitre & le sel commun, produisent dans les terres & dans l'eau, diminue non-seulement l'évaporation, mais resserre encore, rétrécit trop les pores des végétaux, & empêche nécessairement la germination des plantes, au lieu d'en faciliter l'accroissement.

5°. Il paroît que les végétaux réussissent beaucoup moins dans les lieux imprégnés de sel, comme on le remarque dans quelques terreins bas qui abondent en sel moyen, ou dans le voisinage des eaux minérales aigrelettes.

Après ces premières explications, M. Wallerius rapporte, pour les combattre, les opinions de ceux qui accordent la vertu végétative à tel ou tel sel.

On se croit autorisé, dit en substance l'auteur, à attribuer aux sels les causes de la fertilité, par la raison que quelques Anglais fertilisent ordinairement les terres, les uns avec les plantes marines mêlées avec l'argille de la mer, comme on le fait dans la province de Cornouailles, suivant le rapport de Cambden ; d'autres avec le fable de la mer, comme Childery en fait mention dans fon hiftoire naturelle. Plus ce fable eft tiré du fond de la mer, plus il eft fertilifant, difent les partifans de cette opinion, parce qu'alors il contient une plus grande quantité de fel commun. Quelques auteurs rapportent auffi que les Gothlandois font du fumier avec quelques herbes marines, comme l'éponge d'eau, de la mouffe de mer & de l'algue, qu'ils mettent en tas pour les laiffer pourrir. Ils ajoutent encore, pour appuyer leur fentiment, qu'on a quelquefois vu des perfonnes réuffir à fertilifer leurs terres avec du fel commun; ce qui a engagé M. Pott à foutenir dans fon *Traité du Sel*, page 31, que le fel commun calciné & mêlé avec de la chaux, ou même avec du nitre ou de l'urine, peut contribuer à la fertilité. Ils terminent enfin leurs raifons, en affurant qu'on peut prévenir le *charbon* avec l'eau de fel commun.

M. Wallerius réfute ainfi les raifonnemens qu'on vient de voir.

1°. Les végétaux putréfiés, tant marins que terreftres, ne différent que peu ou point du fumier, & doivent néceffairement être de la même utilité aux plantes; enforte qu'on attribue mal-à-

propos à certains fels ce qui n'eft uniquement que l'effet d'une matière putréfiée.

2°. L'auteur convient que le fable de
mer, employé convenablement, peut
contribuer en quelque chofe & accidentellement à la ferti ifation, comme il
l'a déjà infinué. Il croit encore que les
plantes réuffiffent mieux dans cette efpèce de fable employé convenablement,
à caufe de l'humidité qu'il conferve, &
du manque des particules de fer qui fe
trouvent ordinairement mêlées avec le
fable de terre; mais il penfe qu'on ne
doit pas conclure de-là que le fel marin
procure la fécondité.

3°. Il replique à ceux qui en appellent
à l'expérience, qu'elle ne nous laiffe pas
douter que les fels rendent les terres ftériles plutôt que de les fertilifer. On lit
dans les *Ephémérides des Curieux de la
Nature*, qu'un grand nombre de perfonnes ayant effayé de fertilifer leurs terres
avec du fel marin, avoient été obligées
dans la fuite de les laiffer en friche pendant fept ans. L'Ecriture fainte nous apprend qu'on s'étoit autrefois fervi de fel
commun pour rendre les terres ftériles.
On voit par-là quel jugement on doit
porter de ces raifonnemens, qui ne peu-

vent se confirmer par aucune véritable expérience.

Cependant, ajoute M. Wallerius, le sel commun peut être de quelqu'usage, si l'on sait s'en servir avec mesure & proportion, & qu'on le mêle comme il faut ; car en l'employant comme un agent, & avec économie, il subtilise & dissout ses parties grasses & onctueuses des terres, & les rend miscibles avec l'eau. Par cette raison, il arrive quelquefois que le sel commun paroît fertiliser d'une manière étonnante, & sur-tout lorsque les eaux de la mer viennent à se déborder ; elles avancent considérablement la végétation, en humectant les terres, & en y introduisant leurs parties grasses.

M. Wallerius termine cet article en remarquant que c'est par erreur qu'on attribue uniquement au *sel commun* ou *marin* la fertilisation qui est une suite des inondations de la mer, tandis qu'on doit plutôt l'attribuer à la graisse de l'eau marine & à l'humectation qu'elle cause dans les terres. Les inondations du Nil dans l'Egypte auroient dû le faire comprendre.

L'auteur examine ensuite ce qu'on doit penser du nitre.

Mayow, dans son Traité du Nitre ; Glauber,

Glauber, Baco de Verulam, Dighy, Lémery, Vallemont, Nieuwnedrit, ceux qui les ont copiés dans la fuite, & leurs fectateurs, prétendent, dit M. Wallerius, que le nitre eft l'unique matière, ou l'efprit & l'ame de toute végétation & accroiffement, & que fans nitre les plantes ne peuvent végéter. Ceux qui ont écrit fur l'agriculture difent, pour appuyer leur fentiment, que les Anciens ont fait un brillant éloge du nitre; qu'il eft d'origine aérienne & célefte, & qu'il eft répandu par-tout; qu'on trouve du nitre dans les végétaux, & qu'en les brûlant, il fe convertit en fel alkali, après s'être premièrement dépouillé de fon efprit acide; enfin que fa vertu fertilifante eft confirmée par un grand nombre d'expériences.

M. Wallerius regarde ces preuves comme foibles & peu convaincantes, & voici ce qu'il obferve à ce fujet.

1°. dit-il, le nitre des anciens étoit très-différent du nitre des modernes; celui des premiers étoit le *natron* ou *l'alkali minéral*, comme les minéralogiftes & les chymiftes l'ont démontré.

2°. On ne peut difconvenir que l'origine du nitre, quant à fa partie acide, ne foit aérienne & célefte, mais on peut nier formellement *qu'il se trouve du nitre dans l'air*, & l'on n'est pas venu à bout jusqu'ici de le prouver. Les acides du nitre, du sel commun, du vitriol & du soufre, voltigent presque de même dans notre atmosphère, & s'y trouvent pour ainsi dire dans la même quantité ; mais personne n'a pu découvrir encore dans l'air quelques vestiges de sel moyen.

3°. Il est vrai qu'il se trouve dans quelques plantes un sel essentiel qui approche de la nature du nitre ; mais il faut observer que ces plantes sont très-rares, & que dans les végétaux dont on fait le pain, on n'apperçoit aucun vestige de sel quel qu'il soit, comme on l'a déjà dit. Le sel alkali ne se forme pas d'un nitre qui soit dans les plantes avant qu'elles eussent souffert l'action du feu, mais des particules acides, huileuses & terrestres, ou du sel essentiel, par un nouvel arrangement ou une nouvelle combinaison de leurs parties.

Enfin, par rapport à l'expérience, M. Wallerius convient sans peine qu'une terre remplie de nitre avance la végétation, & que le fumier se change par la putréfaction en une terre nitreuse ; mais dans ce cas, le nitre opère par sa vertu dissolvante, en divisant les graisses qui font dans la terre. Ce n'est donc qu'accidentellement qu'il favorife la végétation, & nullement par une vertu végétative. Il fait le même effet que le fel. Tous les deux fervent à diffoudre les parties graffes & huileufes, & à les rendre mifcibles avec l'eau.

On doit conclure de tous ces raifonnemens, qu'on peut employer avec modération le fel & le nitre, & qu'alors on en retire un grand avantage, mais que la grande quantité feroit très-nuifible, par les raifons qu'on a vues plus haut, puifque l'un & l'autre ne peuvent donner par leur effence aucune fécondité à la terre.

Il faut obferver que les terres trop chargées de nitre fe gèlent plus promptement que les autres, ce qui fait un grand tort aux plantes.

M. Wallerius paffe enfuite à l'examen du fel alkali, pour nous apprendre en quoi il peut être utile pour l'accroiffement des végétaux.

En analyfant ainfi toutes les différentes natures de terre, & les divers engrais qu'on emploie pour les fertilifer, nous éviterons des erreurs qui peuvent être très - funeftes à l'agriculture. En ne connoiffant pas les caufes, il eft difficile de remédier aux maux.

On écrit beaucoup fur l'agriculture, mais

peu écrivent en physiciens, & cependant,
sans les notions de la physique, on court
souvent risque de s'égarer.

Pour avoir une idée distincte de l'usage du sel alkali (1), dit l'auteur, il est nécessaire de considérer sa nature, qui nous apprendra par quel moyen cette espèce de sel peut être utile aux terres ou leur être nuisible.

1°. Les sels alkalis contribuent à fertiliser les terres ; ils attirent l'humidité & la graisse qui se trouvent dans l'air, de même que les acides, & ils retiennent plus fortement ces différentes matières, ce qui est cause que l'humidité de l'air les fait fondre.

Ils dissolvent & subtilisent entièrement les graisses des terres, & il naît de cette combinaison une certaine substance savonneuse que l'eau peut dissoudre. Par-là même qu'ils enlèvent & détruisent l'acidité, ils retiennent long-temps les parties aqueuses, & les empêchent de s'évapo-

---

(1) Ce mot est arabe, on le traduit en français par *sel de soude*. C'est proprement un sel fixe poreux, qu'on a tiré de la lessive, de la soude calcinée, des plantes, &c. Les sels alkalis sont presque toujours l'ouvrage du feu ; par cette raison, la plupart de ces sels sont empreints de corpuscules ignés qui leur communiquent une âcreté caustique.

ter ; par cette même raison, les sels alkalis aident la fermentation des semences,
qui a lieu pendant leur germination.

Ils rendent une terre forte plus légère
& plus poreuse, ce qui est sur-tout l'effet
des cendres non lessivées ; mais il faut
remarquer que la quantité de ces sels,
nécessaire pour produire ce dernier effet,
en produiroit un tout contraire, si l'on
en employoit une plus grande, puisqu'ils
épuiseroient la graisse de la terre, & la
brûleroient avec les végétaux. Les sels
alkalis ont les mêmes effets que la chaux,
& même dans un degré supérieur.

2°. Les inconvéniens de ce sel, mis en
trop grande quantité, sont donc d'absorber toutes les graisses de terres, & de
rendre un terrein stérile pour quelques
années. Parmi différens exemples qu'on
pourroit citer, il suffira d'observer que
les arbres croissent lentement & difficilement dans les forêts qui ont été brûlées
deux ou trois fois. Ces sels dessèchent
& réchauffent trop les terres ; ils dur-
cissent trop les semences, de même que
les autres sels.

Il paroît évident, parce qu'on vient
de dire, que les sels alkalis, employés
avec prudence, conviennent mieux aux
terres grasses, & qu'ils sont plus nuisibles

aux terres stériles. Lorsqu'on en mêle
souvent, ou en grande quantité, dans
quelque terre que ce soit, ils lui nuisent
plus qu'aucune autre espèce de sel.

Il est donc certain que les sels minéraux & artificiels ne contribuent en rien,
ou en très-peu de chose, à la fertilisation; mais comme il n'est aucune plante
& aucun arbre dans lequel on ne trouve
quelques vestiges d'un principe salin, on
doit observer que ce principe, qui est
naturellement acide, se forme immédia-
tement ou de l'air ou de l'eau qui se mêle
dans les plantes, combiné avec la matière
inflammable pendant la fermentation.
Par-là même, ce principe de sel diffère
dans toutes les plantes & les arbres, tant
en goût qu'en vertu, en raison de la diversité du mouvement de la fermentation
& de la proportion des parties.

L'auteur indique ici en abrégé comment
les différentes parties dont les plantes sont
composées, tirent leur origine de l'eau &
de l'air. L'acide des plantes, qui varie
suivant leur diversité, se forme par un
certain mouvement fermentatif & inté-
rieur, de l'acide de l'air, ou même de
l'eau, qui reçoit, tant de l'air que de la
terre, une certaine matière inflammable,
extérieure ou intérieure, de toutes les

femences dans lefquelles elle eſt contenue. Quelquefois auſſi ces deux cauſes
réunies contribuent à la formation de
cet acide. De ces mêmes principes, c'eſt-
à-dire, de l'eau, de la matière inflammable, & de l'acide engendré, ſe forme,
par la continuation du mouvement fermentatif, une huile ſubtiliſée ou ſpiritueuſe, qu'on ſent à l'odeur, qui varie
ſuivant la diverſité des plantes, & eſt
compoſée de différens acides. De cette
huile ſubtiliſée, concentrée de plus en
plus par l'acide, & unie en quelque ſorte
plus étroitement par une eſpèce de coc-
tion, il ſe forme enſuite une certaine ſubſtance ſpiritueuſe & une véritable huile
ſéparée de toute autre matière, & qui
diffère en raiſon de la diverſité de cette
ſubſtance ſpiritueuſe. Telle eſt la voie
naturelle & ſucceſſive dont ſe ſert la nature pour tendre à pas lents du ſimple au
compoſé, & produire les parties conſti-
tutives des végétaux.

M. Wallerius a expliqué dans les articles précédens comment la farine des
plantes pouvoit ſe former de ces différentes parties. Tous ſes raiſonnemens
ſont appuyés ſur des expériences chymiques; il les fonde encore ſur ce qui arrive aux eaux de pluie, de roſée, & aux

autres eaux croupissantes, & même aux
eaux de lacs & de marais, qui se couvrent
en été d'une peau verdâtre. Toutes ces
différentes eaux, même les plus pures,
exposées à la chaleur du soleil, produisent les principes dont on a parlé.

M. Wallerius termine cet article en
concluant que les sels minéraux, ni les
sels étrangers, ni les terres minérales, ne
contribuent en rien, *par eux-mêmes*, à la
nourriture des végétaux. On peut conclure, d'après les raisonnemens de M.
Wallerius, que le sel ne sert qu'à diviser
& à mettre en mouvement les parties
graisseuses qui se trouvent dans la terre,
soit qu'elles viennent de l'air, soit qu'elles
proviennent des fumiers. Ainsi ce minéral ne peut être regardé que comme un
phlogistique, & nullement comme un
engrais. Un agriculteur avoit annoncé
qu'il avoit formé un excellent engrais en
mêlant du sel avec du fumier de cheval.
Ce fait est conforme au système de
M. Wallerius. On sait que le fumier de
cheval, bien consommé, est extrêmement
gras, & le sel, dans ce cas, a servi à
diviser cette graisse qui a produit de bons
effets; mais comme un pareil procédé
feroit très-coûteux, il est inutile de le
conseiller aux cultivateurs. Les sels qui

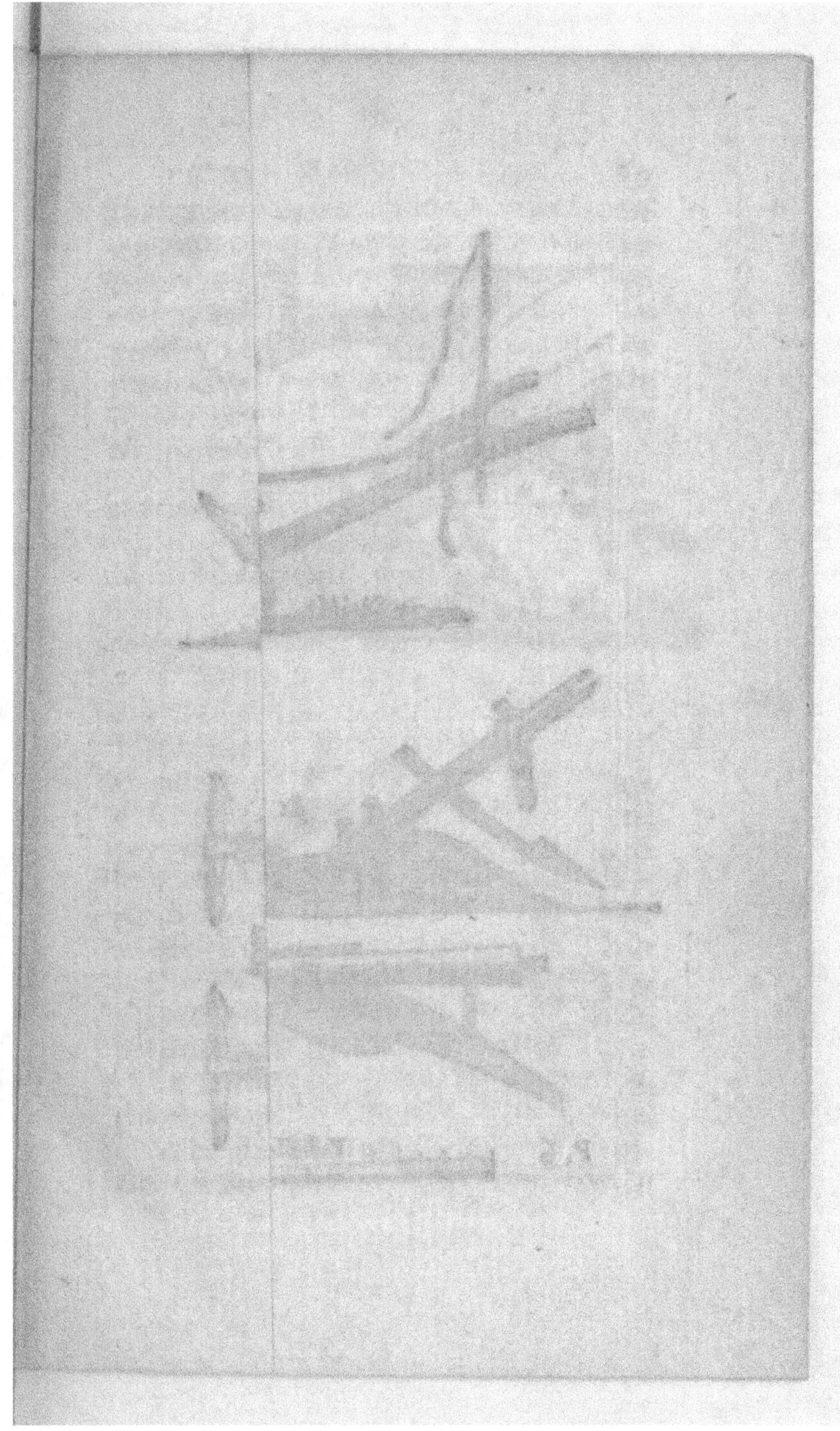

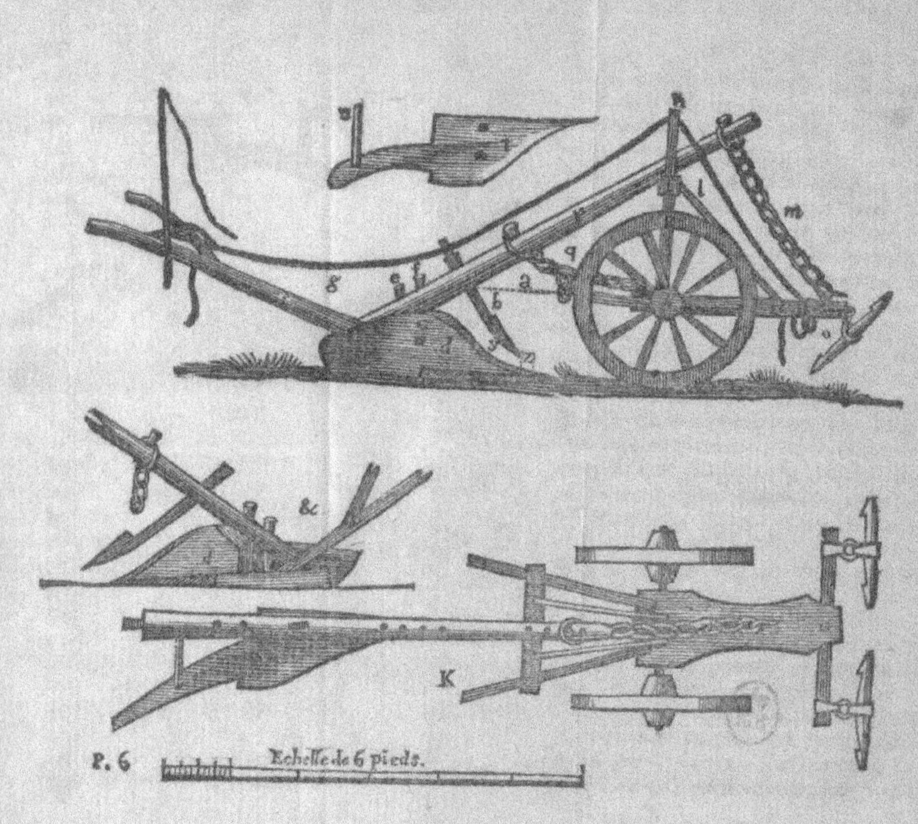

P. 6.
Echelle de 6 pieds.
K

font dans la terre, de quelque manière qu'ils y soient introduits, suffisent pour cette opération. Il suffit de ne point trop mettre de fumiers, parce qu'alors les graisses ne pouvant être divisées, ne produisent plus leur effet végératif, & la plante languit au lieu de donner une bonne production.

CHAPITRE II.

Description de la charrue de Brie, rectifiée par M. Sarcey de Sutières.

LA bonté des instrumens aratoires est essentielle pour bien labourer, car ceux qui ne font qu'égratigner la terre, ne peuvent la mettre en état de faire de bonnes productions. La charrue de Brie parut à M. de Sutières celle qui pouvoit mieux remplir cet objet ; mais elle avoit besoin d'être rectifiée. C'est d'après les changemens faits par l'auteur, qu'on la présente au public.

La lettre D, indique l'oreille de la charrue, qui a 8 pouces de hauteur jusqu'à la perche ou haie dans laquelle elle est emmanchée. Le sep dans lequel l'oreille eſt emmanchée, doit être de la même longueur ; le bout & le derrière de l'oreille, qui eſt à reverſoir, doit avoir auſſi 10 pouces de hauteur avec ſon oreillon, depuis le derrière du ſoc juſqu'au derrière de l'oreille, qui eſt chevillé par-deſſous.

A le lettre U, eſt une cheville qu'on nomme *le pas*, emmanchée dans le derrière de l'oreille & dans le ſep : cette cheville, qui a 7 pouces, rejette en reverſoir le derrière de ladite oreille au-dehors.

A la lettre C, eſt une cheville d'aſſemblage qui paſſe de l'oreille au ſep.

A la lettre F, eſt une cheville qui emmanche la perche, l'oreille & le ſep.

A la lettre E, eſt une cheville qui emmanche ſeulement la perche avec le ſep.

A la lettre X, eſt le ſoc de la charrue, qui doit avoir 6 pouces de largeur dans le derrière, afin de pouvoir être emmanché dans le ſep qui doit porter d'emmanchement juſqu'à la pointe de l'oreille ; ledit ſoc, depuis ſon emmanchement au ſep, a 10 pouces dans ſon plus large, ſur 18 pouces de longueur, en diminuant & en arrondiſſant juſqu'à ſa pointe du côté droit de l'oreille, en droite ligne du côté gauche, comme on peut le voir à la lettre T.

A la lettre A ponctuée, est le coutre qui doit être emmanché dans la perche ou haie, à la même hauteur que l'aissieu, ce qui est très-essentiel, sans quoi, étant placé de hauteur différente, la charrue tireroit sur ses fers, ce qui obligeroit de forcer de tirage.

A la lettre B, le coutre doit déborder du côté gauche du laboureur, d'un pouce, pour pouvoir couper plus facilement la terre, & pouvoir aussi former un labourage plus régulier & plus propre. La lame du coutre doit avoir 8 pouces de longueur.

A la lettre Z, le coutre doit être distant de la pointe du soc d'environ 5 pouces, quand même la pointe du soc seroit un peu usée, pourvu que la lame du coutre ne passât pas avant elle, le soc n'en serviroit pas moins bien ; mais si la lame du coutre passait avant la pointe du soc, il feroit lever la queue de la charrue, fatigueroit beaucoup le charretier pour la tenir à plat, renverseroit mal la terre & la lame du coutre coupant la terre ; avant que la pointe du soc ne la soulevât, le tirage seroit forcé, & le labourage très-mauvais.

A la lettre Y , le coutre doit être dif-
tant de 2 pouces & demi du foc & de la
pointe de l'oreille.

A la lettre S , font les mancheriaux emmanchés dans le fep & la perche , par une
cheville qui traverfe le derrière de la perche pour les tenir , & une autre qui eft
debout , entrant dans le fep , & dans le
mancheriau qui lui fert d'arcboutant :
depuis les mancheriaux jufqu'à l'emmanchement du coutre, il y a 1 pied 8 pouces
& demi.

A la lettre R , fe trouve la perche qui
a 6 pieds 6 pouces de longueur en arron-
diffant & diminuant par le haut qui eft
appuyé fur la fellette.

A la lettre I , eft la fellette fur laquelle
eft appuyée la perche entre les deux
foies , ladite fellette foutenue par les
deux foies emmanchées fur le forciau ,
à un pouce de l'aiffieu fur le devant , &
par deux arcboutans défignés par la lettre
L , auffi emmanchés dans le forciau à un
pied de fa pointe.

A la lettre N , eft le forciau qui a 3
pieds de long , 12 pouces de large & 3
pouces d'épaiffeur.

A la lettre H , font moitié des foies
traverfant la fellette , dans lefquelles il y
a deux trous où font paffés les cordeaux

défignés par la lettre G, qui fervent au charretier pour conduire fes chevaux, de même que fon fouet emmanché dans un trou de ces mancheriaux.

A la lettre Q, eft une chaîne de fer que l'on emmanche dans un crochet qui eft dans le forciau, entre les deux foies à un pouce en avant. Cette chaîne a un grand anneau paffé dans la perche, qui eft retenu par une cheville de fer que l'on met dans différens trous faits à la perche, afin de relever la charrue proportionément au labour, plus ou moins avant, fuivant les circonftances & fuivant la profondeur de la bonne terre, ce qui eft très-effentiel. Il faut obferver auffi que le forciau doit être percé pour recevoir l'aiffieu à 4 pouces & demi de diftance du derrière dudit forciau.

A la lettre M, eft une autre chaîne de fer que l'on nomme *portoir*, qui doit avoir 2 pieds & demi ou environ; on l'emmanche deux pouces en avant dans un crochet qui eft dans le forciau entre les deux arcboutans. Cette chaîne a un grand anneau, où eft un crochet qui joue dans ledit anneau qui eft paffé dans le haut de la perche, & retenu par deux petites chevilles de bois; elle fert à relever le forciau qui facilite la charrue

pour aller & venir d'un champ à un
autre en relevant l'oreille, de crainte que
le foc n'entre dans la terre ou dans les
chemins ; elle contient auffi le forciau
quand il faut tourner en labourant , &
il traîneroit par terre, s'il n'étoit arrêté
par cette chaîne dans la perche. Ces deux
chaînes ont des boucles qui fervent à
relever la charrue , foit pour labourer ,
foit pour la conduire par-tout où on le
veut , fans qu'il y ait rien de gâté.

A la lettre O, eft l'épare qui eft emmanché à 4 pouces et demi du bout du
forciau ; elle doit avoir trois pieds de
long fur les deux bouts. On y attache
deux palonniers fervant à y atteler deux
chevaux pour traîner la charrue.

A la lettre &, eft la charrue vue de
profil du côté gauche du charretier ; l'o-
reille eft défignée par la lettre d.

A la lettre K, eft le plan à vue d'oi-
feau de la charrue en totalité , à l'exception des mancheriaux.

Avec ces différens plans & l'échelle ,
les Cultivateurs, Fermiers & Laboureurs
pourront faire faire des charrues plus ou
moins grandes & moins fortes , fuivant
la nature des terres qu'ils auront à faire
labourer.

Il faut remarquer que cette charrue

doit être plus ou moins forte selon l'emploi qu'on en veut faire, ou suivant la nature des terres. Comme on peut faire avec cette charrue toutes sortes de défrichemens, quelque difficiles qu'ils paroissent, on concevra aisément qu'elle doit être plus forte lorsqu'il s'agit de défricher un terrein rempli de grosses racines et de pierres, que s'il ne s'agissoit que de labourer une terre qui est déjà en valeur. Il est bon d'observer que ceux qui annoncent qu'on doit entièrement retourner un terrein lorsqu'on le défriche, vont contre les principes de la saine physique. Si vous labourez à huit ou dix pouces de profondeur, vous exposez à la fois ces huit ou dix pouces au grand effet de l'air & du soleil, qui enlèvent une partie des sucs & des sels que cette terre contient ; ce qui vous met dans le cas au bout de deux ans de donner des engrais à cette même terre que j'ai supposé bonne, jusqu'à cette profondeur ; car si elle étoit mauvaise à quatre ou cinq pouces de profondeur, le mélange que vous auriez fait ruineroit votre terrein pour plusieurs années. Pour ménager la terre, en tirer plusieurs récoltes sans être obligé d'employer les engrais, il faut la foncer peu à peu. Ainsi on donne en défrichant un labour à la profondeur de trois pouces ou trois pouces & demi, & les autres pendant un an ne doivent pas être plus profonds. Lorsque ces mêmes terres sont ensemencées en bled, les quatre labours doivent toujours être d'égale profondeur. On objectera qu'un labour à trois pouces ou trois pouces & demi ne détruira pas entièrement les grosses racines qui sont bien enfoncées en terre. On répond à cela, 1°. qu'avec trois pouces et demi on a assez de profondeur pour les semences; 2°. que fonçant d'années en années peu à peu, on détruira entièrement toutes les racines, & qu'on profitera ainsi de la bonté de son terrein pendant long-temps, sans faire aucune dépense pour les engrais, puisque ces mêmes racines servent à former un engrais. Si le sol est mauvais au-dessous de quatre pouces, il seroit dangereux de foncer plus avant. Quatre labours par an détruiront insensiblement les rejets des racines qui pourroient repousser. Quelques fortes que soient les grosses racines, on peut être assuré que la charrue de Brie en viendra facilement à bout.

De cette manière on fera des défrichemens sans frais & avec facilité. C'est le but de toutes les méthodes qu'on annonce.

Pour revenir aux avantages de cette charrue, elle peut feule former, au gré du Laboureur, les planches plus ou moins bombées, plus ou moins larges, fuivant la nature & la qualité du terrein. Cette charrue n'a pas befoin d'aucune machine pour récurer les roues, l'oreille & le foc, parce que la terre ne s'y attache pas. D'ailleurs ces fortes de machines font plus nuifibles qu'on ne penfe. Elles forcent le tirage, rendent les labours plus lents, & la terre qu'elles détachent des roues ou autres endroits, retombant inégalement, dérange la forme des planches bombées, forme d'autant plus néceffaire, qu'on s'apperçoit que celles qui font faites avec plus de régularité, rapportent le plus de grains.

Si l'on admet la néceffité de ces machines, on fuppofe donc qu'on laboure hors de faifon, & dans un temps où le fol feroit dans le cas de recevoir un labour forcé; ce qu'il faut toujours éviter, lorfqu'on veut avoir de bonnes productions. Il faut donc labourer toutes fortes de nature de terres dans les faifons & en temps favorables, appliquer les engrais comme il convient, & alors on peut être affuré que la terre ne s'attachera jamais aux roues ni aux autres parties. La terre préparée comme je l'ai indiquée, fera toujours meuble, & par conféquent ne fe mettra point en groffes mottes ferrées & compactes. Le travail fera plus doux, le charretier & les animaux ne fatigueront point. Les terres caffes, glaifeufes, argilleufes, glutineufes, labourées en faifon convenable, & mêlées des engrais qui leur font propres, ne s'attacheront pas plus à la charrue que les autres terres.

Deux chevaux fuffifent pour cette charrue; mais, on le répète, il ne faut commencer à labourer une terre qu'on veut défricher que dans la faifon humide, & l'on eft fûr alors de ne point fatiguer fes chevaux. Ils laboureront avec la même facilité une terre forte fi elle a été ameublie par les engrais comme il convient. La charrue doit être auffi plus forte pour ces qualités de terres.

Quatre charrues de Brie, attelées chacune de deux chevaux, & gouvernées chacune par un charretier, peuvent labourer par jour, au mois de feptembre ou de mars, près de fept arpens de terres en planches plus ou moins bombées, plus ou moins larges. Ce labour eft évalué à 175 perches de terre par charrue. Si l'on faifoit labourer ces mêmes terres à grosses raies avec la même charrue, on pourroit en labourer par jour deux arpens & un quartier, ce qui produiroit 225 perches.

Il me paroît étonnant que deux bœufs attelés à une charrue différente de celle de Brie, aient labouré dans un jour d'été 159 perches, comme on l'a annoncé dans une des Gazettes d'Agriculture ; mais il n'y a pas d'apparence que les bœufs puissent continuer long-temps cette même quantité de labour, quoiqu'on ne nous ait pas décrit la quantité de terres qu'on a prise à chaque raie.

Si on a labouré à grosses raies, il n'y a rien de surprenant dans cette opération. On ne doit point labourer à grosses raies ni à petites raies toutes les espèces de terres; la terre ne se divise pas assez lorsqu'elle est labourée à grosses raies ; elle se plaque au contraire, & il se forme de grosses mottes qui ne peuvent plus se séparer ni se mêler ensemble. Lorsque la terre est labourée à trop petites raies, elle est trop pressée & trop serrée. Les terres bien franches, ou bien meubles, ou légères, peuvent souffrir le labour à petites raies, lorsqu'on se sert de la charrue de Brie, la seule qui renverse la terre, qui la dépose, & qui la place au gré du laboureur. Avec cette charrue, on

forme facilement & régulièrement toutes
les planches bombées, qui seules garantis-
sent les récoltes des rigueurs des saisons,
lorsqu'elles sont faites comme on le verra
ailleurs.

Il est démontré par plusieurs expériences réitérées, qu'un terrein plat de cent
arpens, lorsqu'il est labouré en planches
bien bombées, produit cinq à six arpens
de terre en sus par le seul bombement ou
élévation du terrein. Il est donc double-
ment avantageux de labourer toutes les
natures des terres en planches plus ou
moins bombées.

Il est impossible de former avec facilité
des planches bombées & régulières en labourant avec des bœufs. Cet animal n'a
point l'intelligence, ni la docilité, ni l'a-
gilité du cheval. Il est difficile à gouverner, il est lent dans toutes ses opérations,
il ne résiste point à un travail continu &
forcé, comme le cheval de trait, & par
sa pesanteur, il renverse & détruit avec
ses pieds une grande partie du labour.

Deux bœufs, quelques forts qu'ils
soient, ne feront jamais l'ouvrage de deux
chevaux, soit pour la bonté, soit pour la
continuité & la célérité du travail. Se
servira-t-on de bœufs lorsqu'il faut charrier du fumier & autres engrais sur les

terres, lorsqu'il faut herser, & lorsque la récolte demande d'être enfermée promptement? Mettra-t-on cette récolte à l'abri, en traînant lentement dans toute une journée deux ou trois charrettes de gerbes?

Un fermier peut labourer avec deux forts chevaux, & fumer 30 arpens de bled, 30 d'avoine, & 30 de jachères. Si ce fermier ne se sert que de deux bœufs, il ne pourra faire que la moitié de ce travail. Il est donc plus dispendieux de labourer avec des bœufs que d'employer des chevaux, dont le fumier est supérieur à tous égards. Je ne parle pas d'un autre avantage dont jouissent beaucoup de fermiers qui forment des poulains au labourage, pour les vendre ensuite au bout de deux ou trois années de service, quelquefois le double de ce qu'ils les ont achetés. Les bœufs ou vaches employés au labour ne peuvent être vendus à un prix raisonnable qu'après avoir été engraissés pendant six à huit mois sans travailler. Toutes les provinces ne sont pas propres à les engraisser dans un si court espace, parce que les herbages ne sont ni aussi abondans, ni aussi bons que dans la Normandie, l'Auvergne & la Flandre.

Les bœufs résistent moins que les che-

vaux aux fatigues du travail dans les chaleurs continues. On risqueroit de les perdre, si on leur faisoit labourer tous les
jours 150 perches, ou un arpent & demi
dans des terres fortes.

Les bœufs coûtent au moins autant à
nourrir que les chevaux. Il leur faut en
toute saison beaucoup de bon fourrage &
un peu d'avoine ; au lieu que les chevaux
sont nourris six mois avec du foin, de la
gerbée & de l'avoine ; six mois avec des
menus, de la gerbée & des grains qu'on
bat dans les granges. Ces fourrages & les
grains qui s'y trouvent, font une nourriture plus saine & plus succulente que tous
les foins, sainfoins, luzernes & treffles qui
viennent dans les mauvais climats, où les
pâturages en général sont médiocres.

La nouvelle charrue à deux oreilles
n'est point économique comme celle de
Brie, puisqu'il faut presque toujours trois
chevaux pour labourer à petites raies,
tandis que deux chevaux suffisent pour
labourer à raies ordinaires avec la charrue
de Brie. Celle à deux oreilles fatigue beaucoup les chevaux, fait moins d'ouvrage,
& le laboureur ne peut point placer la
terre à son gré. Elle nuit essentiellement
aux bons labours, parce que la terre ne
doit être ni forcée, ni pressée dans quelque

pays que ce soit. Le labour à petites raies
ne peut s'exécuter que dans les terres
franches, meubles, légères & veules. Ce
labour à petites raies ne seroit pas même
praticable dans les terres courtes, chaudes,
c'est-à-dire, dans les sols où il y auroit
des pierres, des roches, du tuf, des
crayons, des racines de beuglande & autres semblables ; le premier soc de la charrue rencontrant quelque chose qui l'ac-
croche & qui lui résiste, les fait sauter
tous les deux, & dérange par-là deux
raies de labour que le charretier ne peut
raccommoder ni rétablir. Pour peu que
le charretier ait forcé le tirage, il y a tout
à craindre que la charrue ne se rompe,
malgré les précautions du charretier.

Il est facile de faire voir combien les labours à petites raies sont nuisibles. La semence s'y distribue mal & s'y enterre très-
irrégulièrement, au lieu qu'une terre
labourée avec la charrue de Brie, ne se
trouve ni serrée, ni forcée dans quelque
climat que ce soit, & la semence s'y distribue régulièrement, & s'y enterre avec la
herse sans lacunes : j'ose dire qu'il y a aussi
un huitième de semence de moins d'employé ; huitième qui produiroit des ressources & des moyens, & que l'ignorance
des laboureurs ravit au commerce.

La nouvelle charrue n'est pas propre à former des planches bombées, pratique mise en usage avec fruit depuis long-temps dans tous les pays où l'agriculture est aussi éclairée qu'honorée (1).

La charrue à grandes roues, ne peut point être d'une utilité générale comme celle de Brie. On peut seulement s'en servir dans des terreins doux, car dans des terreins forts, glaiseux, glutineux, caillouteux, les grandes roues doivent embarrasser le charretier. Les charrues nouvelles qu'on emploie dans les défrichemens, pourroient détériorer les différens sols, parce qu'un soc, une charrue ou une oreille de charrue qui enleveroit une grosse racine dans un défrichement, rameneroit sur le sol, de la glaise, du tuf, de l'argille, des crayons, de la terre rouge, des pierres & des cailloux. C'est en enfonçant modérément la charrue de Brie dans les différens défrichemens, qu'on sonde peu à peu la nature du terrein,

---

(1) Dans le pays chartrain, pays qui produit de si beaux bleds, les terres sont labourées en planches bombées. Cet usage est général pour toute la Pologne, dont on retire cette immense quantité de grains qui se distribuent dans toute l'Europe,

qu'on

qu'on en mêle & ménage les sucs, & qu'on ameublit si bien la terre, que dans les plus mauvais fonds, on peut, sans avoir encore employé les engrais, en retirer deux ou trois récoltes consécutives d'avoine avant que d'y semer du seigle ou du méteil. Il faut faire ces sortes de défrichemens en automne ou en hiver, & il est nécessaire de labourer ces terres défrichées dans ces saisons pendant les quatre années qu'elles doivent rapporter des récoltes sans engrais. Enfin la charrue le Brie n'est pas une de ces nouveautés que le caprice où le hasard aient mis en vogue. Elle est ancienne & très-connue en Angleterre, en Normandie & ailleurs. Il ne faut pas la confondre avec les charrues ordinaires qu'on voit dans la Brie, & qui sont de mauvais instrumens aratoires. Celle-ci est la charrue de Brie, rectifiée dans tous ses points.

CHAPITRE III.

Des Labours.

S I l'on sentoit assez combien cette partie de la cultivation est nécessaire & essentielle, on s'y appliqueroit avec plus de soin dans la plupart des provinces du royaume, où elle est trop négligée. On suit presque par-tout les anciennes routines, sans examiner si elles conviennent ou non aux terres qu'on veut faire valoir ; il n'est cependant qu'une façon de s'y prendre dans tous les pays de la France, pour en tirer tous les avantages possibles. M. de Sutières a parcouru presque toutes les provinces, & après en avoir bien examiné les différentes terres, il en a trouvé beaucoup qui se ressembloient par leur nature, & dont le sol étoit le même ; d'où il a conclu, qu'on pouvoit par-tout les labourer de la même manière : on fait cependant tout le contraire. Dans le Gâtinois, les fermiers font indistinctement labourer toutes leurs terres en sillons, & enterrer la semence avec la charrue. On suit le même usage dans une grande partie de la Brie. Dans certains cantons de la France, on les met en planches ; & dans la Picardie, & dans une autre partie du royaume, on les laboure à plat, avec une charrue à *tourne-oreille*, c'est-à-dire, qu'elles font également unies par toute la pièce.

Quels inconvéniens ne résultent-ils pas de faire labourer de diverses manières, non-seulement les terres de même nature, mais encore celles d'une nature différente? D'abord, la coutume de mettre les terres en sillons est très-préjudiciable à la récolte. En effet les raies qui terminent ces sillons des côtés, & qui font perdre un sixième du terrein, n'ont point de semence, parce que la charrue la rejette à droite & à gauche, sans la disperser également. Quand d'ailleurs il s'y en trouveroit, elle ne viendroit que très-difficilement en maturité, soit parce que les raies étant très-profondes, elle y est trop enterrée, soit parce que les eaux des pluies y séjournant trop long-temps pendant l'hiver, la pourrissent & l'empêchent de pousser. Qu'arrive-t-il encore? C'est que pour l'ordinaire les raies de ces sillons font tellement remplies de mauvaises herbes, ou de mauvaises plantes, qu'elles étoufsent très-souvent le bled ; de sorte que la récolte est presque réduite à ce qui est venu sur le haut des sillons. Les inconvéniens se multiplient, si l'on seme ces sortes de terre à la charrue, parce qu'en enterrant la semence, la charrue ne doit prendre que ce qu'il faut de terre pour la couvrir, alors ce n'est tout au plus qu'un demi-labour. Comment le dessous pourroit-il suffisamment s'ameublir ? De-là vient que la racine du bled y trouvant trop de résistance, ne s'étend & ne s'épate pas assez pour produire un épi parfait ; & les eaux des pluies ne pouvant y pénétrer qu'à la longue, restent trop long-temps, soit sur la superficie, soit entre deux terres : d'ailleurs la charrue, en renversant la terre sur la semence, ne la couvre jamais toute entière, parce qu'elle tombe assez souvent en motte, & toujours fort inégalement. Il y en a donc beaucoup de perdu. Aussi faut-il au moins un bichet (1) de grain de plus par arpent pour la semence, qu'il n'en faudroit si l'on semoit comme on le dira dans la suite. Ce n'est pas tout. Il y a communément beau-

---

(1) Un bichet forme deux boisseaux mesure de Paris.

coup d'herbes dans les bleds femés à la charrue : on ne peut donc pas les enlever quand on le juge à propos. Il faut quelquefois les laiffer faner pendant fept à huit jours. Des pluies furviennent dans cet intervalle, & le grain germe, comme on l'a vu plufieurs fois.

Au refte, comme ces fillons font étroits & fort hauts, & que les deux dernières raies de chaque côté avant celles qui féparent ces fillons font prefque droites, la terre fe trouve tellement en pente, qu'étant ameublie par la gelée, elle retombe prefque d'elle-même dans les grandes raies qui féparent les fillons, ce qui ne peut arriver, fans que le peu de bled tombé dans les deux dernières raies qui achèvent de former le fillon, ne foit déchauffé ; la plante des bleds manquant alors de nourriture ne pouffe pas, ou elle pouffe très-mal. Survient-il de fortes pluies ? Les fillons étant extrêmement bombés & étroits, ces pluies entraînent dans les grandes raies tous les fels & les fucs des engrais qui ont été mis dans les terres ainfi labourées, & pour peu que le fol foit en pente, & que les raies, comme il eft affez ordinaire, fuivent cette pente, ils font rapidement entraînés dans les terres qui font plus baffes, parce que les raies tiennent lieu d'autant de sang-sues qui ne servent qu'à énerver & à déchausser le sol, en le privant de ce qu'il a le plus de besoin pour nourrir la semence qu'on lui a confiée. Enfin, quand on enterre la semence avec la charrue, on est obligé, pour commencer le sillon, d'élever le plus qu'on peut les deux premières raies, & de les appliquer l'une contre l'autre; on rejette, en agissant ainsi, la plus grande partie de la semence sur le dos des sillons : de-là vient que cette partie est souvent plus garnie qu'elle ne devroit l'être, & que les autres raies allant en descendant, celles qui sont dans le bas n'en ont pas suffisamment; inconvénient qu'on évitera toujours en semant les bleds à la herse, sur-tout quand la terre est bien ameublie par de bons labours égaux, & par des engrais convenables à sa *nature.* On verra, par expérience, que des terres labourées *en planches plus ou moins bombées ; suivant que le terrein est sec ou humide, & semé à la herse*, non-seulement seront garanties de tous accidens, mais encore qu'il n'y aura aucunes lacunes, la semence étant par-tout également répandue & mieux rangée.

L'expérience apprendra aux laboureurs, 1°. que toutes sortes de terres

doivent être labourées en planches bombées; chaque planche, ainsi bombée, arrangée, procure une augmentation considérable, car par le mesurage que M. de
Sutières en a fait faire, il a trouvé qu'on
y gagnoit huit à dix arpens sur cent qui
étoient en bled; 2°. que la charrue & la
herse suffisent seules pour rendre fertiles
la plupart des terres; 3°. qu'il faut au
moins donner quatre bons labours également foncés à toutes les terres, dans le
temps convenable, avant que de les semer à la herse; 4°. qu'il faut faire le premier labour à celles qui doivent être
mises en jachères, le plus qu'il est possible, pendant l'hiver, & y faire charrier
& enterrer dans cette saison tous les fumiers dont elles peuvent avoir besoin. Il
résultera de cette pratique plusieurs avantages considérables. D'abord, le sol étant
ouvert recevra bien plus aisément les sels
& la graisse que les influences de l'air, les
brouillards, les temps gras de l'hiver &
la neige sur-tout, y déposent toujours,
selon cet axiôme : *nix quæ cadit, oppimat
terram*. Elle produit encore d'autres effets;
jointe à la gelée, elle fait périr les mauvaises herbes & les insectes, & la charrue
pénètre ensuite plus aisément, parce que
rien n'ameublit mieux la terre que de la

labourer & de la fumer dans cette saifon?

2.° labour. Quant au fecond labour, il eft très-important de le faire avant les grandes chaleurs, parce que le temps de hâle & le foleil ardent enleveroient les graiffes, les fels & les fucs. Perfonne n'ignore qu'ils deffèchent & pompent jufqu'aux eaux qui s'y trouvent. Il ne faut donc labourer dans cette faifon rigoureufe, que dans le cas où de mauvaifes herbes, plantes ou racines ont pouffé; car il feroit trop dangereux de les laiffer monter à un certain point, puifqu'elles ne peuvent le faire qu'aux dépens des fels & des fucs qui doivent nourrir le bled, & fi elles montoient en graine, elles en rempliroient totalement le champ : cependant lorfqu'on eft contraint de labourer dans cette faifon, il faut profiter, autant qu'on le peut, des temps couverts & fombres. Le beau temps, le hâle, le foleil qui leur fuccèdent deffécheront les mauvaifes herbes que la charrue aura déterrées & renverfées, & les feront périr.

3.° labour. Le troifième labour, pour les terres deftinées à mettre en froment, doit être commencé à la fin d'août ou dans les premiers jours de feptembre ; car pour celles qui doivent être enfemencées en feigle, il faut les préparer pour les faire femer le 15 ou le 20 du mois de feptembre. On doit alors leur donner le qua-trième labour aufli profond que les précédens. A mefure que la charrue retourne la terre, on fait la femaille qu'on enterre à la herfe. Il eft certain qu'en fuivant cette méthode, la femence fe répandra par-tout plus exactement, & fournira le champ de façon qu'on n'y appercevra aucune lacune. Celui qui femera obfervera attentivement de proportionner la quantité de femence qu'il convient de donner à chaque nature de terre. Plus une terre fera bonne, forte, franche, &c. plus il lui faudra de femence ; plus elle fera légère, médiocre ou mauvaife, moins il faudra lui en donner. M. de Sutières fe trouve, par cette façon de penfer, en contradiction avec un auteur moderne, qui annonce aux laboureurs que plus une terre eft bonne, &c. moins il lui faut de femence ; & que plus elle eft médiocre, &c. plus elle en a befoin. L'expérience & la phyfique prouvent que le raifonnement de M. de Sutières eft jufte.

Toutes les fortes de terres, en leur faifant donner quatre labours d'égale profondeur, relativement à leur différente qualité, en planches un peu bombées, felon que le terrein eft plus ou moins

D 5

humide, ne gardent jamais l'eau. Dans les
terres qui font les plus humides , on fait
écouler les eaux par des fang-fues dans
des foffés où elles ne peuvent nuire. Les
terreins ainfi labourés ne craignent jamais les humidités des hivers , quelque
confidérables que foient les pluies dans
cette faifon ; les gélées même ne font
jamais fi redoutables. Les terres en pente
doivent toujours être labourées en travers , & jamais en fuivant la pente ; afin
que les eaux qui tombent puiffent s'écouler dans les raies de chaque planche , &
de-là fe décharger dans les fang-fues qu'on
multiplie à proportion du befoin que le
terrein exige. On doit diriger ces fang-fues
vers l'endroit où l'on veut qu'elles con-
duifent les eaux fans caufer aucun dommage. On doit remarquer que par cette
façon de cultiver , de fumer la terre , & de
mettre la femence en chaux , on garantit
les bleds des ravages de la glace , des mauvaifes herbes & de toutes fortes de graines. On les met encore à l'abri des féchereffes les plus grandes & des vents im-
pétueux. Les bleds ainfi cultivés ne fouf-
frent en aucune façon pendant tout l'hiver , quelque rigoureux qu'il puiffe
être, & font beaux & forts au printemps.
On eft obligé quelquefois d'en faire ôter

en partie les fanes, ou de les faire manger par les bestiaux. Des bleds de cette espèce & même de moins forts, ne peuvent être altérés par aucune sécheresse; parce que la terre en étant parfaitement couverte par la force & l'étendue de chaque plante de bled, elle conserve d'autant plus facilement son humidité, qu'elle s'y renouvelle tous les jours par le secours ou des vapeurs qui sortent de son sein, ou de la rosée qui tombe assez régulièrement le soir & le matin. D'ailleurs, si le sol a reçu tous les labours en même profondeur, les racines du bled ont pu s'enfoncer & s'épater, & par conséquent elles ne peuvent être altérées par la sécheresse.

On doit faire donner les labours aux terres à mettre en mars si-tôt que les bleds sont ensemencés, afin qu'elles puissent avoir reçu un labour avant ou tout au plus tard pendant le commencement de l'hiver. Si le temps est favorable, on fait donner le second labour le 10 ou le 15 de février. On jette tout de suite la semence pour profiter des avantages du proverbe qui porte que les *avoines de février remplissent le grenier*. En effet, M. de Sutières a expérimenté sans interruption, depuis 1742, que jamais il n'avoit eu d'avoines plus grenues, de meilleure qualité & plus

abondantes en bon fourrage que celles qui
avoient été femées dans ce mois. Et s'il
lui arrive quelquefois d'en avoir plufieurs
arpens de gelés, il en a toujours été bien
dédommagé; car le troifième labour qu'il
faut donner alors, joint au petit engrais
que le grain gelé a procuré à la terre, y
font fi bien, que ces arpens ont toujours
donné douze à quinze bichets de plus que
ceux dont la femence n'avoit point été
altérée par la gélée : ainfi par le moyen
d'un labour eftimé 4 liv. & de trois bichets d'avoine qu'on doit ajouter, & qui
peuvent être évalués à 3 l. on en retire le
montant de 12 à 15 liv. Il demeure donc
pour conftant, qu'on ne perd rien en faifant de nouveau femer fes terres dans cette
faifon. Au refte, l'accident de la gelée
n'arrive pas très-fréquemment.

Il ne faut pas cependant borner fes foins
à ce qu'on vient de dire. Dès que les
avoines font hautes de quatre à cinq pouces, on les fait toutes herfer par un temps
un peu fec, de deux ou trois dents, felon
que la difpofition du fol l'exige, ou qu'il y
a trop de plantes. Cette opération en enlève le fuperflu, arrache les mauvaifes
herbes, donne une façon à la terre, l'a-
meublit & lui procure une efpèce de binage, en forte que, s'il furvient une pluie,

la plante se relève, se perche, & pousse des franges bien plus belles que celles qui n'ont point eu cette façon. On la fait donner aussi quelquefois par un temps sec dans le printemps, aux bleds semés avant l'hiver, parce que les rigueurs de l'hiver les ont empêchés de se fortifier ; on garnit encore leurs pieds de terre, ce qui les fait pousser à vue d'œil, & très-souvent ils deviennent aussi beaux que les premiers semés : ordinairement même, quand ils ne sont pas bien forts, on doit faire passer par-dessus au mois d'avril la herse à l'envers, ce qu'on appelle en termes de laboureur, *faire poutrer les bleds*. Par cette façon on écrase les petites mottes que l'hiver a formées, ce qui rechauffe le pied & la racine des bleds. Que l'on ne cherche donc plus de nouveaux instrumens pour leur donner au printemps de nouveaux labours, puisqu'on peut faire beaucoup plus avantageusement avec la charrue & la herse seules toutes les opérations de l'agriculture. En ne faisant usage que de la herse en 1764, j'ai sauvé, dit M. de Sutières, ma récolte de mars, tandis que

____

(1) Il est à propos d'employer le même procédé pour les orges et les bleds de mars.

les sécheresses ont presque fait périr une
bonne partie de celles des autres. « Pen-
» dant que les pluies étoient suspendues,
» j'ai fait deux fois herser mes avoines
» pour desceller le sol, l'ameublir & don-
» ner du jeu aux plantes, qui seroient
» presque toutes péries sans cette précau-
» tion, tant la terre étoit endurcie & mas-
» tiquée. Les pluies sont tombées après
» ces deux façons, & mes avoines ont
» poussé avec tant de célérité, & sont
» devenues si fortes, même dans les plus
» mauvaises terres, que les gens du pays
» & les étrangers qui sont venus chez moi
» en ont été dans le plus grand étonne-
» ment. Je prends encore d'autres mesu-
» res pour recueillir tous les fruits des
» soins que je me suis donnés. Au lieu de
» faire faucher mes avoines, je les ai fait
» toutes scier. J'évite par ce moyen les
» pertes qu'occasionne le fauchage, qui
» sont plus grandes que l'on ne pense
» communément. Je sais par expérience
» qu'en les faisant faucher, on perd d'a-
» bord au moins la semence. D'un autre
» côté, comme on ne peut pas les re-
» tourner pour les faire javeler égale-
» ment par-tout, une assez grande partie
» tombe avec la paille quand on la vanne.
» De plus, étant collées par terre, du

» temps qu'on les fauche à celui qu'on
» les ramasse, elles germent quelquefois;
» & l'herbe dans cet intervalle, ou même
» l'avoine qui est tombée venant à pous-
» ser, elles s'entrelassent dans les ondoins:
» on est par conséquent obligé de forcer
» le rateau pour les en arracher, ce que
» l'on ne peut faire sans qu'il tombe en-
» core au moins une semence, & tou-
» jours la plus belle & la plus mûre.
» Pour moi, sans qu'il m'en coûte beau-
» coup plus, je me mets non-seulement
» à l'abri de toutes ces pertes, mais j'ai
» donné encore à mes avoines une qua-
» lité si supérieure à celle des autres, que
» je les vends toujours trois ou quatre
» fois de plus par bichet.

CHAPITRE IV.

Du Chaulage pour les grains.

IL faut d'abord se procurer un tonneau
défoncé par un bout, & capable de con-
tenir un muid d'eau. Après l'avoir rempli, on jette dedans environ un boisseau
de crotes de moutons, une pareille quantité de fiente de pigeons & de poules, un
boisseau de bouze de vache, autant de
crotin de cheval, & environ un boisseau
de cendres de genièvre, de genêt ou de
chêne. Si l'on pouvoit même former
cette cendre de ces trois plantes, elle
n'en seroit que meilleure. On fait ensuite
bien remuer tous ces ingrédiens avec un
bâton, une fourche ou tout autre instrument, afin qu'ils ne fassent qu'un même
corps : on répète cette opération pendant
cinq ou six jours. Ces différens fumiers
fermentent dans cet intervalle, comme
le vin dans la cuve. Ce temps expiré, ce
mélange se calme & se convertit en une
graisse qui produit les effets dont on a
déjà parlé.

Lorsqu'on veut chauler la femence, on prend de cette liqueur & on la met dans une chaudière de fer, dans laquelle on jette une poignée de genêt des bois, & on la fait bouillir pendant cinq ou fix minutes. On retire enfuite le genêt qu'on laiffe feulement égoutter fur la chaudière, dans laquelle on fait éteindre la quantité de chaux néceffaire, & après avoir bien remué la liqueur avec un bâton, pour délayer la chaux, on la verfe fur le tas de bled qu'on veut femer (1). Trois perfonnes remuent alors avec des pelles tout le grain, afin que le tout foit bien engraiffé de la liqueur ; car s'il reftoit quelques grains fecs, il faudroit reprendre de la liqueur pour qu'ils fuffent auffi chaulés.

Ce bled doit être femé le lendemain ; mais s'il fe rencontroit quelqu'obftacle, il faudroit le remuer tous les jours avec les pelles. Par ce moyen on le garde douze ou quinze jours fans qu'il fe gâte.

La manière de faire ce chaulage peut être exécutée dans les pays où la fuie de

---

(1) Il faut un feau d'eau de cette liqueur pour un feptier de bled, & dans un feau on met ordinairement un morceau de chaux gros comme un fort melon.

cheminée & les eaux de leſſives ſont rares ;
car dans le cas où l'on auroit abondamment de l'un ou de l'autre, on doit remplir le tonneau ou cuvier d'eau de leſſive, & mettre dans un muid d'eau un
boiſſeau de ſuie de cheminée : ces deux
ingrédiens tiendront la place de la cendre
de genêt, de genièvre & de chêne : on
pourra même ſe diſpenſer de faire bouillir
le genêt dans la liqueur. Cette obſerva-
tion eſt néceſſaire, parce qu'il y a des
pays où l'on ne trouve point de genêt,
de genièvre & même de chêne.

Il faut remarquer qu'on doit proportionner la quantité d'eau de leſſive ou
d'eau de mare à la quantité des différens
engrais qui doivent former le chaulage ;
c'eſt-à-dire, que pour un muid d'eau, il
ne faut qu'un demi-boiſſeau de crotins de
brebis ou moutons, pareille quantité de
fiente de pigeons & de poules, demi-boiſſeau de bouze de vache, autant de crotin de cheval, un bon boiſſeau de ſuie de
cheminée.

On voit qu'il eſt à propos de ne pas
remplir le tonneau de trop d'ingrédiens,
parce que la liqueur ne ſeroit pas aſſez
claire pour bien chauler les ſemences, &
que ſi elle étoit trop épaiſſe, elle ſeroit
bientôt conſommée. Il faudroit donc re-

commencer trop souvent , & il pourroit arriver que les ingrédiens manqueroient.

Le chaulage ménage la femence & les engrais , fait faire au grain une plus prompte & plus vigoureuse production , & il n'y a jamais un grain perdu lorsqu'on a foin d'enterrer la femence avec la herfe , à mefure qu'on donne le dernier labour. Il garantit le grain du charbonnage , de la bruine , de la carie , de la rouille , &c. donne de la qualité au grain , du nerf & de la force à la plante , ce qui eft un des moyens de l'empêcher de verfer , fait poufer de fi nombreufes & de fi vigou- reufes tiges au bled , que le fol en eft tout couvert , de forte que l'ivraie & les au- tres mauvaifes plantes , graines ou raci- nes , ne peuvent faire aucune produc- tion.

Le chaulage étant une forte d'engrais , il n'eft pas néceffaire de mettre la même quantité de fumier qu'il faudroit fi le grain n'étoit pas chaulé , on peut dire même qu'il feroit dangereux de le faire , par la raifon que trop d'engrais nuit aux productions. La vigueur que le chaulage donne à la femence , la met en état de for- mer une forte plante , & par conféquent il eft à propos de diminuer la quantité de femence ; cette diminution eft d'un bon bichet par arpent. Le fol fera très-garni pourvu qu'on enterre la femence avec la herfe (1) & non pas avec la charrue.

Le chaulage porte avec lui une vertu fi fécondante, que la femence chaulée, fut-elle de médiocre qualité, ou mife dans une terre qui n'auroit reçu que la moitié de fon engrais ordinaire, produira davantage, de plus beau bled & de meilleure qualité, que celle qui auroit été mife dans une terre préparée avec tous les engrais néceffaires, mais qui n'auroit pas été chaulée.

La femence ainfi apprêtée eft préfervée dans les années fèches d'être mangée par les mulots, fouris, & autres vermines, qui la dévafteroient fouvent fans cette précaution. Il en réfulte encore un autre avantage : c'eft que les bleds germant trois ou quatre jours avant ceux qui n'ont pas reçu cet engrais, & pouffant enfuite plus vîte, en font plutôt mûrs, & moins expofés par conféquent à être gâtés par les pluies qui tombent communément vers la fin de la moiffon. Cet engrais les ga-

---

(1) On fait que pour que la herfe ne faffe point de fauts lorfque le cheval la tire ; il faut que la corde foit un peu alongée.

rantit toujours, dans toutes les terres, des maladies de bruine, de bled teint, de nielle, & de tous les autres accidens funestes causés par les brouillards, les vapeurs de la terre, & les mauvaises influences de l'air. Les mauvaises graines mêmes, telles que l'ivraie & le faux bled, n'y paroissent jamais.

Toutes lotions, lessives & lavages de bled ne peuvent qu'être nuisibles à la semence. Le bled ne peut point être trempé dans aucune espèce d'eau, sans qu'elle ne lui ôte la bonne qualité qu'il pourroit avoir pour une prompte production. D'ailleurs, du bled ainsi lavé & détrempé ne sera jamais totalement exempt des maladies dont j'ai parlé.

Plusieurs personnes demanderont sans doute comment il se peut faire que la manière de mettre le bled en chaux empêche qu'il soit atteint de la bruine, de la rouille & de la nielle? On peut leur répondre par une comparaison. Une nourrice qui allaite un enfant, lui communique les bonnes ou mauvaises qualités qu'elle renferme en elle-même. Si elle est saine, & qu'elle ne prenne que de bonnes nourritures, son nourrisson ne sera sujet à aucune des maladies qui attaquent ceux qui sucent un lait vicié par quelque ma-

ladie. Il en eſt de même de la terre : elle
eſt la nourrice des grains. Si les engrais
qui lui ſervent d'alimens ſont analogues
à ce qu'elle doit produire, ils y feront
paſſer une ſève qui les fera fructifier avec
abondance, & qui leur donnera une qualité propre à réſiſter aux maladies de
toute eſpèce. Les pailles qui ſont comme
les membres du bled, ſeront, pour ainſi
dire, bien organiſées ; elles auront plus
de ſucs & de nerf ; elles ſeront bien meilleures pour la nourriture des animaux.
N'ayant aucune partie plus foible que
l'autre, aucune maladie ne pourra les af-
fecter dans aucun endroit : on ne trouvera donc plus, en ſuivant cette méthode de fumer les terres & de chauler le
bled, des épis à moitié gâtés. Ils ſeront
tous également ſains, parce que la nourriture que le chaulage donne à la paille,
lui procure une conſtitution qui la met
en état de réſiſter aux rigueurs de toutes
les ſaiſons.

L'étude du laboureur doit donc être
principalement de veiller à ce que ces différentes terres ſoient pourvues d'engrais
analogues aux productions qu'il veut en
retirer, que le bled ſoit bien purifié &
fortifié par le chaulage, afin qu'il ſoit en
état de recevoir une ſève vigoureuſe qui

le mette à l'abri des vapeurs ou exhalaisons pernicieuses qui peuvent sortir de la terre qui le nourrit, & des malignes influences de l'air dont il est environné, & qui sont toujours plus ou moins fortes, selon que les saisons de l'automne ou de l'hiver, du printemps ou de l'été, sont plus ou moins sèches, plus ou moins humides.

Lorsqu'on a dit qu'il faut chauler le bled, on entend qu'il en doit être de même du méteil, du seigle, de l'escourgeon, de l'orge, &c. Cette dernière semence est également susceptible d'être bruinée & d'avoir les mêmes maladies que les bleds. La récolte de 1765 en est une preuve bien convaincante, puisqu'une très-grande partie de ces grains furent tous bruinés & pourris ; ce qui n'a été occasionné que par la rouille que les deux jours de brouillards de la fin d'avril 1765 avoient déposés sur ces plantes : quoique les différens grains qu'on sème en mars ne soient pas aussi sujets à ces sortes de maladies, cependant il arrive très-souvent qu'ils en sont empreints : on a vu dans certaines années où les vapeurs & exhalaisons étoient plus fortes, des frangers d'avoines qui étoient bruinées ; ce qui n'arrive pas ordinairement quand les terres dans lesquelles on les enfemence, ont reçu deux bons labours. A l'égard des bleds de mars & orges, le chaulage leur eft très-bon, parce qu'en les garantiffant des maladies, il leur procure un engrais & ménage la femence comme aux bleds femés en octobre.

Il paroît à propos de placer ici la recette d'une faumure imaginée par un Anglois, avec laquelle il prétend garantir les bleds de la nielle, & d'y ajouter la réponfe de M. de Sutières, avec les fentimens de Wallerius fur toutes les efpèces de lotion. Le cultivateur verra par les raifonnemens de ce dernier, que M. de Sutières ne blâme toutes les efpèces de lotions que parce qu'elles font contraires aux principes de la faine phyfique. Le cultivateur qui n'eft point inftruit, fe laiffe facilement furprendre par les inventions; il eft donc effentiel de le prévenir contre les faux fyftêmes qui ne peuvent que lui caufer beaucoup de dommage.

*Lettre du sieur Jean Reynols d'Hadisham,
dans la province de Kent, écrite au sieur
Secrétaire de la Société, pour l'encourage-
ment des arts & de l'agriculture* (1).

L'accueil favorable que la société a
daigné faire à mes observations sur l'agriculture & le labourage, & le desir que
j'ai de me rendre utile au public, autant
qu'il m'est possible, & d'obliger sur-tout
la societé, m'engagent à vous envoyer
un moyen très-utile, & dont je fais usage
depuis long-temps, pour empêcher que
le froment ne soit infecté de la nielle,
maladie, en général, extrêmement préju-
diciable au propriétaire, qui rend le pain
noir, & lui donne un mauvais goût.

Ma recette est une saumure qui pré-
viendra certainement la nielle, qui rendra la semaille du froment, en labourant,
plus aisée & plus assurée qu'aucune autre
méthode qui ait été pratiquée jusqu'à
présent.

On prendra une cuve avec une ouverture au fond, dans laquelle on mettra un
robinet qu'on couvrira d'un bouchon de

____

(1) Cette lettre a été publiée au mois de février 1769.

E

paille, ainsi qu'il se pratique dans les bras-
series, afin d'empêcher que la chaux n'y
passe; ensuite, on versera dans la cuve
environ 70 gallons d'eau (280 pintes mesure de Paris), & on y ajoutera un boisseau de chaux vive; on battra bien cette
eau jusqu'à ce que la chaux soit entièrement dissoute, on la laissera reposer pendant trente heures, ensuite on la souti-
rera par l'ouverture du fond de la cuve;
on aura soin que la liqueur soit bien claire,
& on la versera dans une autre cuve;
cela doit rendre un muid de bonne eau
de chaux: on y ajoutera ensuite quarante-
deux livres de sel qui se dissoudra promptement, en le remuant un peu. Il s'en formera une saumure excellente pour saler
& préparer, sans aucun inconvénient, le
froment qu'on voudra semer avec la
charrue.

On fait tremper le froment dans cette
saumure, dans un panier dont le fond
est de 24 pouces de diamètre, & qui a
20 pouces de profondeur; on y verse
le froment par petite quantité, depuis
40 jusqu'à 64 pintes en le remuant un
peu; on ôte avec une passoire les grains
qui surnagent & dont on ne doit point se
servir pour semer; on lève ensuite le panier
qu'on laisse égoutter pendant quelques

minutes au-dessus de la cuve : toute cette opération peut être faite dans une demi-heure, & le froment sera assez salé : après quoi on recommence la même opération sur le reste. Cela étant fait, le froment sera en état d'être semé au bout de vingt-quatre heures, s'il est nécessaire ; mais si on veut semer en rayons, il faut le laisser se saler pendant deux jours ; il n'y aura même point d'inconvénient, s'il a été salé quatre ou cinq jours d'avance. Si les semences devenoient gluantes, & si elles s'attachoient aux trous du semoir, alors il faudroit mettre une plus grande quantité de chaux dans l'eau. C'est ici que le laboureur doit user de discrétion, suivant l'exigence du cas ; car il arrive quelquefois qu'une espèce de chaux renferme plus de qualités desséchantes & astringentes que d'autres. Si l'on peut se procurer de l'eau de mer, on n'aura pas besoin d'une si grande quantité de sel : cependant il convient d'en mettre toujours un peu, sans quoi les grains légers ne surnageroient point, ce qui est d'une plus grande conséquence qu'on ne l'imagine ; car ces grains doivent être retirés, & ne font bons que pour la volaille, &c.

Cette méthode est fondée sur l'expérience que j'en ai faite depuis trente ans,

& les femences ayant été préparées, comme je viens de le dire, je n'ai jamais eu de froment niellé, ni par les femailles ordinaires, ni par celles qui fe font en rayons, & cependant fur quantité de différens terreins ; ce qui confirme fuffifamment la bonté de cette pratique.

Je me flatte que la fociété trouvera ce fecret utile pour mes compatriotes. Je fuis, &c. JEAN REYNOLS.

La fociété s'eft affurée, par des expériences qui ont été faites, que le froment peut être femé deux heures après qu'il aura été mis dans la faumure, pourvu qu'elle foit affez forte, & qu'on ait examiné la force de l'eau de chaux.

Publiée par ordre de la fociété.

PIERRE TAMPLEMENT, fécretaire.

Lettre de M. Sarcey de Sutières, fur le chaulage anglois (1).

J'ai lu, meffieurs, une lettre d'un anglois de la province de Kent, qui y annonce une faumure faite avec le fel & la chaux, pour garantir les bleds de la

______

(1) Cette lettre étoit adreffée aux auteurs de la Gazette d'Agriculture.

nielle. Qu'il me soit permis de rappeler ce que je vous ai si souvent dit sur les procédés de la culture des anglois; ils n'ont jamais eu & n'ont encore que des méthodes fort dispendieuses, & dont l'exécution ne peut être ni prompte ni facile: je pourrois même ajouter que ces méthodes sont ruineuses. En effet, pour se procurer un muid de la saumure indiquée, il faut acheter 42 livres de sel & une suffisante quantité de chaux. Jugez de la dépense que chaque laboureur françois seroit obligé de faire. D'ailleurs, son opération est longue & difficile. Les paniers imbibés de chaux & de sel ne doivent pas résister long-temps; le grain trempé dans quelque chaulage que ce puisse être, perd beaucoup de sa qualité, & ce n'est pas sans fondement que M. Wallerius blâme toutes sortes d'immersions. Il est totalement inutile d'avoir des passoires pour ôter les grains qui surnagent; s'ils ne restent sur l'eau que parce qu'ils sont petits, ils n'en feront pas moins de belles & bonnes productions, si le chaulage est bon; s'ils surnagent, au contraire, parce que le grain est mauvais, il n'y a rien à craindre, parce qu'ils ne pousseront pas. Enfin, dans l'un & dans l'autre cas, ces grains ne peuvent ni ne doivent servir de

E 3

nourriture à la volaille, puisqu'elle ne peut que les maigrir, & même leur occafionner quelques maladies, foit par la qualité du grain, foit à caufe de la chaux dont il eft imprégné. Je termine ces réflexions, en faifant obferver à l'agriculteur anglois, qu'il n'attribue à fon chaulage que la vertu de garantir les grains de la nielle, le mien lui eft donc en tout fupérieur, puifque non-feulement il a cette vertu, mais il donne encore plus de vigueur aux plantes, plus de qualité au grain, ménage la femence & l'engrais. J'ajouterai de plus qu'il n'eft point difpendieux, & qu'il eft très-facile à faire.

Obfervations de M. Wallerius, fur l'art d'avancer la vertu multiplicative des femences.

Je ne crois pas devoir quitter l'article du chaulage des grains fans rapporter ce que M. Wallerius penfe de différentes lotions inventées par diverfes perfonnes, afin de mettre l'agriculteur en garde contre des fyftêmes qui lui feroient nuifibles. S'il fait bien attention à tout ce que M. Wallerius dit à ce fujet, il verra que le chaulage de M. de Sutières eft le feul qu'on doive mettre en pratique, parce

qu'il renferme tous les principes physiques néceſſaires à la végétation , à l'accroiſſement des plantes , à leur ſalubrité
& à leur grande fécondité.

Son chaulage eſt excellent pour mettre
aux pieds des arbres ou arbriſſeaux malades , languiſſans , ou attaqués d'inſectes : j'en ai vu des expériences ſurpre-
nantes.

Ecoutons M. Wallerius , il ſervira à
conſtater les principes de M. de Sutières ,
que les incrédules de mauvaiſe foi refu-
ſent d'adopter ſous des prétextes qui n'ont
aucun fondement. Peut-être qu'en voyant
un étranger , habile chymiſte , & par conſéquent phyſicien , penſer comme M. de
Sutières , ils ne refuſeront pas de ſe rendre , & rejeteront toutes les préparations
liquides qu'on leur fournira pour les ſemences.

Ceux qui ont recours à l'*immerſion* ,
dit M. Wallerius , pour fertiliſer les ſemences , ſe propoſent deux buts différens.
Les uns ont en vue de garantir par-là les
ſemences des vers & accidens qui pourroient leur ſurvenir , & , par cette raiſon ,
les médecins l'ont appelée méthode *médicinale*.

D'autres cherchent à augmenter la vertu
multiplicative des ſemences ; ce qui arri-

ve, selon quelques-uns, par l'amollisse-
ment des membranes & de l'écorce extérieure. Quelques autres, au contraire,
croient que les semences acquièrent cette
vertu par l'immersion dans certains ingrédiens, au point que les végétaux qui
en ont été imprégnés ont un accroissement plus considérable que les autres
plantes, & parviennent plus aisément à
une parfaite maturité.

Ces systèmes amènent naturellement
les trois questions suivantes.

1°. *Peut-on, par quelque mélange ou
méthode médicinale, garantir les semences de
toute corruption, de même que des vers ou
des autres insectes ?*

2°. *Est-il utile d'amollir l'écorce des semences avant que de les jeter en terre ?*

3°. *Est-il possible de communiquer aux
semences une vertu capable de les faire croître
jusqu'à la maturité ?*

Voici les observations de M. Wallerius
au sujet de la première question.

Pline, dit-il, fait voir assez clairement
dans le 18ᵉ livre, chap. 17, que les anciens employoient les méthodes médici-
nales pour les semences, afin de prévenir
les maladies des végétaux, & d'en éloigner les vers & même les moineaux. C'est
aussi, suivant le même naturaliste, le but

que s'étoient proposés Théocrite & Virgile dans les préservatifs qu'ils ont indiqués. Plusieurs modernes se servent, pour le même sujet, de la chaux, de la suie, de l'ail, &c.

M. Wallerius pense que les maladies des semences ne proviennent que de leurs humeurs corrompues, & qui sont l'effet ou de la vieillesse, ou de quelque vice dans les terres, ou des malignes influences de l'air. Dans le premier cas & le dernier, il n'y a point de remède. Dans le second, il faut travailler à bonifier le terrein. L'auteur observe ici qu'il faut moins chercher à guérir les maladies des semences que des végétaux qui naissent de ces semences, par la raison que si ces dernières ont des défauts connus, il est inutile de les employer. Il est donc plus naturel de s'attacher à guérir les maladies des plantes, maladies qui ne proviennent que de la terre ou de l'air, & par cette raison, il pense qu'il seroit possible de guérir les végétaux de la carie ou du charbon.

Mais ne faudroit-il pas plutôt dire qu'il seroit possible de les garantir de ces maladies que de les guérir? La carie & le charbon sont une espèce de gangrène qui a déjà fait trop de progrès lorsqu'elle se manifeste. On met les plantes à l'abri des

accidens par une bonne culture & par le
chaulage dont M. de Sutières a donné la
compofition, & qu'on a vu plus haut.
C'eft un préfervatif contre les venins qui
pourroient être reftés dans la terre, &
contre les malignes influences de l'air. Un
homme bien conftitué, fort & vigoureux,
ne fera pas fi fuceptible du mauvais air
que celui qui eft foible & délicat. Il en
eft de même des plantes. Le chaulage les
rendant plus fortes & plus vigoureufes,
elles réfiftent mieux aux intempéries de
l'air.

M. Wallerius, en parlant des maladies
qui affectent les plantes, & pour lefquelles
il voudroit qu'on trouvât des remèdes
efficaces, ne pouvoit s'empêcher de parler des vers & des infectes qui attaquent
les femences ou les plantes. Il eft évident,
dit M. Wallerius, que les vers ne tirent
pas leur origine des femences, & il auto-
rife cette affertion des expériences de
Kraftius, qu'on trouve dans le fecond volume des Mémoires de l'académie de Pétersbourg. Cet académicien a obfervé
dans des haricots qu'il avoit plantés depuis quatre jours, des vers longs &
velus, rongeant les feuilles du germe
qui commençoit à paroître. Il a enfuite effayé de planter de ces haricots &

d'autres semences dans une terre bien
desséchée, il les a arrosées avec de l'eau
distillée, & il n'a plus trouvé de vers. *On
doit donc chercher*, continue M. Wallerius,
*l'origine de ces vers dans la nature des terres
qui leur servent d'une retraite gluante & ap-
propriée à leur nature.*

Notre auteur pense que les vers cachés
dans la terre n'attaquent les semences que
lorsqu'elles ont déjà quelques principes
de corruption. Les cultivateurs ont
éprouvé que les vieilles semences devenoient plutôt la proie des vers que les
nouvelles. Il en est de même des vers qu'on
trouve dans le corps humain; ils ne peuvent vivre que dans un ventricule foible
& rempli de viscosités, tel que celui des
enfans. D'où M. Wallerius conclut que,
puisque les vers ne peuvent vivre que
dans une terre viciée, & qu'ils n'attaquent ordinairement que des semences
qui le sont déjà, le meilleur remède contre
ces vers est de tâcher de corriger la nature
des terres, & de choisir les meilleures semences pour les confier à la terre.

Qu'il me soit permis de faire ici une observation au sujet de l'expérience que
M. Kraftius a faite sur des haricots. Toutes
les fois qu'on en a mis en terre de trop bonne
heure, c'est-à-dire, en février, ou les pre-

miers jours de mars & par un temps humide & froid, ils ont pourris, & se sont
trouvé rongés de petits vers longs & très-
déliés. (Il s'agit de bonne semence d'un
an.) Si l'on a conservé de cette semence
& qu'on la mette en terre à la fin de mars,
& même en avril, par un temps sec &
doux, elle prospérera, elle ne sera point
sujette à l'accident des premières. Quelle
peut être la cause de la corruption des
unes & de la fructification des autres?
Car il est ici question de la même terre &
de la même semence. Il n'en est pas de
même des pois, qu'on peut semer en tout
temps. Je pense que la putréfaction des haricots trop tôt semés provient de la nature
de cette semence, qui n'aime ni le froid
ni l'humidité, & qui se plaît mieux dans
une terre sableuse ou sèche que dans une
terre forte, grasse ou humide. Elle réussira cependant étant semée au printemps,
parce qu'alors la terre commence à s'é-
chauffer & à se dessécher. Le froid & l'humidité causent une maladie à la semence,
& alors elle se trouve attaquée par les
vers; ce qui paroît confirmer l'opinion
de M. Wallerius, qui est convaincu que
les vers ne s'attachent qu'aux semences
déjà viciées par quelque chose que ce
soit.

J'obferverai encore que, fi la vieilleffe eft un vice dans les femences, le défaut de maturité en eft un autre ; car celles qui ne font pas bien mûres, pourriffent auffi en terre.

M. Wallerius, après avoir confeillé de s'attacher à corriger la nature des terres, ne regarde point comme inutiles les préfervatifs contre les vers ou les infeétes, par la raifon que les maladies des plantes ne viennent pas toujours de la terre, mais fouvent des intempéries de l'air. On a prouvé, dit-il, que l'odeur fulphureufe de la poudre à canon garantiffoit des vers les graines des raves. Pour employer ce fecret, il ne s'agit que de mêler cette graine avec la poudre. D'autres, continue-t-il, enduifent les femences avec du jus d'ail ; d'autres font cas du chenevis, pour éloigner les papillons, ou de la tourbe de marais répandue fur les terres, ou de la fiente de poule. D'autres recommandent, contre les pucerons & les vers, la fuie & la chaux ; mais il faut ufer de cette dernière avec précaution, parce qu'elle brûle & fouvent détruit les plantes délicates.

M. Wallerius répond enfuite à la feconde queftion qu'il avoit propofée, & qui confiftoit à examiner, *s'il eft utile*

*d'amollir les semences avant que de les jeter
en terre ?*

Il convient que les petites racines & le
germe s'ouvrent plus commodément un
passage à travers les membranes des semences , lorsquelles sont tendres , que
lorsquelles sont dures ; il pense aussi que
les sucs nutritifs s'insinuent avec plus de
facilité dans les semences, quand leurs en-
veloppes sont amollies & que leurs pores
sont plus ouverts , & que par conséquent
il paroîtroit qu'on ne devroit pas mépri-
ser la méthode d'amollir les semences ;
*mais ne peut-il pas résulter de cette méthode
un grand nombre d'inconvéniens très-considérables & difficiles à prévenir ?* C'est ce que
notre auteur va examiner.

Les semences amollies sont exposées à
être facilement corrompues ou détruites
par les vicissitudes des saisons. Une trop
grande chaleur peut enlever toutes les
parties aqueuses des terres & des semences mêmes : celles-ci perdant alors plus
qu'elles ne peuvent acquérir, se dessèche-
ront, languiront et périront ensuite. S'il
survient du froid, l'eau contenue dans
ces semences se gelera & causera la rup-
ture des vaisseaux. Trop d'humidité aérienne fera étendre les vaisseaux & les
corrompra. D'ailleurs , une grande abon-

dance d'eau peut ôter autant de vertu aux semences qu'elle peut leur en communiquer, à moins qu'on ne procède dans cet amolliſſement avec toute la circonſpection poſſible. Car, ſi on laiſſe les ſemences aſſez long-temps dans l'eau pour qu'elles ſe gonflent, cette eau doit néceſſairement leur ôter quelque choſe de leur vertu, comme l'indiquent le goût & l'odeur de l'eau, dans laquelle ces ſemences ont trempé.

Je trouve très-ridicule, dit M. Wallerius, le ſecret de vouloir procurer de la fécondité aux ſemences, en faiſant tremper celles qui ſont deſtinées à être miſes en terre, dans de l'eau où l'on a fait bouillir des ſemences d'une même eſpèce, comme ſi l'eau tiroit de celles-ci toute leur vertu, & pouvoit le leur communiquer par une opération contraire. Mais, pour revenir à la méthode en général d'amollir les ſemences, je penſe, continue M. Wallerius, que cet amolliſſement, ménagé avec prudence, *eſt utile à certains égards, mais en même temps qu'il eſt très-dangereux.* Je conviens, ajoute-t-il, qu'on a fait ſur l'amolliſſement un grand nombre d'expériences qui ont eu un heureux ſuccès; *mais cette réuſſite doit être attribuée ou à la ſaiſon favorable qui a fait que les*

*plantes n'ont point été desséchées par une
trop grande chaleur, ni détruites par le froid,
ni corrompues par l'humidité; ou à la bonté du
terrein qui s'est trouvé assez gras pour four-
nir aux semences une nourriture suffisante,
& pour conserver plus long-temps une humidité convenable ; ou enfin à l'habileté du
cultivateur qui a su , par l'arrosement, prévenir une trop grande sécheresse.*

La troisième question que M. Wallerius s'étoit faite, consistoit à examiner ,
*s'il étoit possible de communiquer aux se-
mences une vertu capable de les faire croître
jusqu'à la maturité ?*

Cet auteur paroît être pour la néga-
tive ; mais avant que de donner les raisons
qui l'obligent à rejeter ce système , il rapporte ce qui a été tenté pour réussir dans
cette opération. Cardanus , dit-il, dans
son livre XIII , page 513 *de la subt.* rapporte qu'on peut communiquer aux semences une vertu capable de les faire
croître jusqu'à la maturité , en enduisant
d'huile les semences qu'on veut avancer.
Ce secret paroît confirmé par une expérience qu'on trouve dans le Journal des
savans de l'année 1684, page 53. On
trouve encore dans ce même Journal de
l'an 1685 , qu'Ed. Wilde avoit fait germer dans l'espace de deux heures des se-

mences de laitues, après les avoir mises dans une terre qu'il avoit préparée pour cela. Regnaut, dans son Extrait de physique, tome 3, page 62, assure que la même chose peut se faire en amollissant les grains de laitue dans de l'eau-de-vie, & les mêlant ensuite avec de la chaux & de la fiente de pigeon.

M. Wallerius révoque en doute toutes ces expériences, & il pense qu'il est aussi impossible de communiquer aux semences la vertu de croître, que de prétendre, contre toute expérience, qu'un embryon peut tirer son accroissement & sa perfection de cette même nourriture qui le substantoit dans son premier être dans le sein de sa mère. La communication de cette vertu végétative est contredite par les expériences de Bacon de Verulam, qui nous apprend dans son Histoire Naturelle, que des semences amollies dans du vin de Malvoisie & de l'esprit-de-vin, n'avoient eu aucun accroissement; ce qui est aisé à concevoir, puisque les parties spiritueuses de ces liqueurs devoient resserrer & même corroder les semences plutôt que de les amollir & leur faciliter le développement. Ces expériences sont encore détruites par celle de Kraftius, dans les nouveaux Mémoires de l'académie de Peters-

bourg. Ce favant académicien a obfervé
que l'efprit-de-vin, le lait, l'urine & le
miel, ne facilitent point l'accroiffement
des femences. Il accufe même de fauffeté
les opinions d'Antoine Legrand, de Bacon
& de l'auteur anonyme, dans fon livre
intitulé *Découvertes des Secrets de la Nature*. Hales, *dans fa Statique des végétaux*,
eft du même avis que Kraftius. Bonnet,
dans fes recherches fur l'ufage des feuilles,
a obfervé que les feuilles s'électrifoient
en leur faifant pomper des liqueurs fpiritueufes & vineufes. Enfin, M. Wallerius
s'eft convaincu lui-même, par les expériences qu'il a faites, que les femences
trempées dans l'huile, y contractent
une certaine dureté qui les empêche de
germer.

Notre auteur paroît avoir affez prouvé
que l'eau et la graiffe réfoutes en vapeurs
fervent d'unique nourriture aux végétaux, & que ceux-ci retiennent très-difficilement quelque chofe des matières
plus tenaces & plus fpiritueufes.

C'eft donc en fuivant les principes de
la faine phyfique qu'on rejettera tous ces
prétendus fecrets, dignes des fiècles d'i-
gnorance, & qui peuvent faire beaucoup
de tort à l'agriculture.

Plufieurs perfonnes ont imaginé de

faire tremper les femences dans quelques liquides, afin de leur procurer de la fécondité, c'eft ce qu'on appelle *immerfion*. M. Wallerius, qui a entrepris de combattre les préjugés qui peuvent être d'autant plus nuifibles à l'agriculture, qu'ils ont été trop accrédités par des cultivateurs qui n'avaient pas affez examiné la nature des chofes qu'ils employoient, & qui, par conféquent, ont attribué à l'une ce qui n'étoit que l'effet d'une autre, & le plus fouvent du mélange de plufieurs chofes, examine avec foin les différentes matières dans lefquelles on a coutume de faire tremper les graines, & les apprécie à leur jufte valeur ; c'eft-à-dire, qu'en général il regarde comme une mauvaife maxime, & fujette à bien des inconvéniens, de faire tremper les femences.

Il ne faut pas confondre le chaulage, dont il réfulte conftamment un grand bien, & qui ne peut être comparé en rien avec l'immerfion contre laquelle M. Sarcey de Sutières s'eft toujours élevé. Par la même manière de chauler qu'il a indiquée, les femences ne trempent dans aucun liquide ; elles font feulement, pour ainfi dire, enduites de chaulage, qui eft une matière épaiffe, graffe & compofée d'ingrédiens auxquels M. Wallerius attribue, par leur mélange, une véritable vertu végétative, puisque l'un facilite à l'autre le moyen de produire son effet. D'ailleurs les semences sont employées aussi-tôt qu'elles sont chaulées.

M. Wallerius distingue, dans les matières qui peuvent servir à l'immersion, les simples & les composés. Les simples sont de six espèces, les *aqueux*, les *alkalins*, les *nitreux*, les *huileux*, les *urineux* & les *vineux*. Les composés sont de trois sortes, les *savonneux*, ceux qui sont composés d'un mélange *de graisse & de nitre*, & enfin ceux qui sont composés *d'huile & d'une substance spiritueuse*.

L'eau de pluie est propre à la fécondité, en ce qu'elle est mêlée d'un sel fin & des parties huileuses de l'air. C'est de toutes les immersions aqueuses celle qui est la meilleure.

Les alkalines sont celles qui se font avec la lessive, ou de cendres, ou de sel alkali, ou de chaux. M. Wallerius n'approuve nullement celles-ci, qui sont sujettes à plusieurs inconvéniens : celles qui sont faites avec du nitre ne lui paroissoient pas meilleures, par les raisons qu'il a déjà données, en parlant de la chaux & du nitre.

L'auteur convient que l'urine contribue beaucoup à la fertilisation des terres, à cause de sa nature huileuse, ou plutôt savonneuse, quoique mêlée d'âcreté, mais il ne convient pas qu'il soit bon d'y faire tremper les semences. L'urine, dit-il, ne doit pas être employée seule ni sur les terres, ni pour y tremper les semences, mais on doit la bien mêler avec le fumier, afin qu'il lui fasse perdre son âcreté, & que les parties grasses qu'il renferme lui fassent prendre une nature savonneuse & plus douce. M. Wallerius examine ailleurs si l'urine putréfiée doit être préférée à la nouvelle. L'auteur rejette également les immersions huileuses, & les acides, comme absolument contraires à la végétation.

M. Wallerius, appuyé de l'expérience, combat encore l'opinion de ceux qui prétendent qu'un arrosement de vin est très-avantageux aux plantes. Les liqueurs spiritueuses détruisent plutôt les végétaux qu'elles ne servent à leur accroissement. En leur supposant quelques vertus, elles ne seroient pas de longue durée, puisque ces substances spiritueuses étant volatiles, ne peuvent long-temps s'attacher aux semences, & se dissipent promptement.

L'immersion composée, à laquelle l'Auteur paroît donner la préférence, est celle

qui seroit faite avec le sel alkali, la chaux,
ou de la lessive de cendres, le tout mêlé
avec de l'eau de fumier, parce que dans
ces mélanges la graisse s'unit avec les parties aqueuses, par le moyen de la chaux
& des sels, & forme ainsi une nourriture
salutaire aux plantes.

CHAPITRE V.

De la qualité & quantité de semences pro-
pres pour chaque nature de terre, & du
temps où l'on doit les semer.

Il est très-essentiel de faire attention
qu'on ne doit confier à la terre que ce
qu'elle est en état de porter ; il faut donc,
comme on l'a déjà dit, consulter la qualité du sol, avant que d'y répandre la semence.

Dans une bonne terre propre à la production du froment, huit boisseaux, mesure de Paris, suffisent pour un arpent de
cent perches (22 pieds pour la perche),
pourvu que les grains soient bien chaulés,
que la terre ait reçu les engrais qui lui
sont propres, que les labours aient été
faits suivant la manière indiquée ci-dessus,

& que le grain soit enterré avec la herse.
Les semences doivent être faites dans ces
sortes de terres au commencement d'octobre. Si la terre étoit très-bonne & très-
saine, on pourroit l'ensemencer dans tout
le courant du mois. Au reste, cela dépend
des circonstances ; car si le temps étoit
constamment beau & doux , il seroit possible de semer du froment jusqu'à la Saint-
Martin. Il est bon d'observer que ce re-
tard ne peut avoir lieu que pour les terres
très-saines & qui ne sont point humides.
Il est à craindre , pour un terrein humide ,
que les gelées ne surviennent lorsque le
grain est en lait , ce qui le feroit périr.
On doit conclure de cette observation ,
que les terreins humides doivent être
ensemencés de bonne heure , si l'on veut
éviter les accidens qui pourroient arriver.

Le bled ramé, que M. de Sutières conseille pour les bonnes terres un peu mélangées, doit être semé à la fin de septembre, ou au commencement d'octobre.
La quantité de semences doit être la
même par arpent , que celles de froment
pur , en observant toujours les règles
prescrites ci-dessus.

Le bled ramé, mis dans une terre bien
préparée, produira, à peu de chose près,
autant de froment que s'il étoit semé tout

pur. Sans ce mélange, le froment ne feroit dans ces sortes de terres qu'une foible production ; le seigle le couvre dans
les grandes ardeurs, & lui sert de soutien.

Le gros méteil, qui convient aux terreins moins bons & plus mélangés, doit
être semé depuis le 20 jusqu'au 30 septembre, ou environ. La quantité de semences pour chaque arpent ne doit être
que de sept boisseaux, mesure de Paris.
Ils pourront produire dix septiers ou environ, mesure de Paris.

Le méteil, qu'on met encore dans les
terres plus mélangées, doit être semé à-
peu-près dans le même temps que le gros
méteil. La quantité de semence est, par
arpent, de six boisseaux, mesure de Paris.
Ces semences rapporteront environ huit
septiers.

Le petit méteil, ainsi que les seigles,
peuvent être semés depuis le 10 septembre jusqu'au 20. La quantité de semence par arpent pour le petit méteil, est de
cinq boisseaux & de quatre pour le seigle, le tout mesure de Paris. Les cinq
boisseaux de petit méteil produiront environ six septiers (1).

____

(1) Ils ont rendu à M. de Sutières en l'année
1769, environ sept septiers.

Si

Si toutes les natures de terres sont cultivées suivant les principes qu'on a donnés ci-dessus, & si les grains sont bien chaulés, les quantités de semences qu'on vient d'indiquer sont très-suffisantes (1), puisque si l'on en employoit davantage, on risqueroit de n'avoir que de foibles productions, par la raison que chaque grain devant former une forte touffe, les plantes se trouveroient trop resserrées, & par conséquent ne pourroient pas bien profiter.

Il faut observer qu'en semant trop tôt les bleds d'hiver, ils sont dans le cas de s'épousser, & l'épi qui se trouve formé dans la tige avant l'hiver est entièrement perdu. Si l'épi ne se formoit pas, il y auroit toujours à craindre d'avoir des bleds époussés, qui pourroient verser en fanage au printemps, ou ne produire qu'une paille veule & creuse, au bout de laquelle se trouveroit un épi foible & maigre.

______

(1) Il faut observer que la quantité de sémence indiquée, doit être mesurée avant que d'être chaulée; car si l'on mesuroit le grain après cette opération, la quantité indiquée ne se trouveroit plus juste, puisque chaque grain, imprégné de la liqueur, est presque un tiers plus gros qu'il n'étoit auparavant.

F

Telles font les règles générales pour les femences d'hiver, paſſons à celles qu'il faut ſuivre pour les mars.

S'il fait beau, il faut commencer les femences d'avoine au 15 de février, en obſervant de n'en ſemer dans cette ſaiſon que dans des terreins ſains ou chaux, & continuer les femences juſqu'au 15 de mars au plus tard. Si les avoines ne ſont pas femées alors, il ſeroit plus à propos de ne ſemer que de la veſce, de la lentille, des biſailles ou dragées, parce que les avoines femées trop tard ne grainent jamais autant que celles qui ont été femées de bonne heure ; n'ont pas la même qualité, & ſont expoſées à être échaudées par les chaleurs ou les coups de ſoleil.

Les bleds de mars peuvent ſe femer depuis la fin de février juſqu'au 15 de mars, en obſervant que les premiers que l'on fème, doivent être mis dans des terres ſaines & chaudes, car il faut enſemencer plus tard les terreins humides, à cauſe des gelées qui peuvent ſurvenir, & qui font plus d'effet ſur une terre naturellement humide, que ſur une terre chaude, & par conſéquent ſèche de ſa nature.

Depuis le 15 mars juſqu'au 15 d'avril,

il faut femer les vefces, lentilles, bifailles, &c. Si on les fème plus tard, elles
feront expofées à des chaleurs qui les
brûleront dans leurs premières pouffes,
& qui les feront périr, ou du moins
languir.

La quantité de femences pour les bleds
de mars, eft, par arpent, de fix boiffeaux
mefure de Paris, l'orge à - peu - près de
même. Ces deux efpèces de grains ne doivent être mis que dans de bonnes terres,
c'eft - à - dire, que dans celles qui font
propres à porter du froment d'hiver & du
bled ramé.

La quantité de femences pour les avoines doit être proportionnée à la qualité
de la terre ; on ne rifque jamais d'en mettre plus que moins ; parce que fi l'on
s'apperçoit qu'elles foient trop drues lorfqu'elles ont levé, on fait paffer la herfe
par - deffus, & par ce moyen on en diminue la quantité, & l'on donne à la plante
un binage néceffaire.

Tous ces grains doivent être chaulés.

On le répète. Ces règles ne ferviront
de rien, fi l'on ne fuit pas celles que M. de
Sutières a prefcrites pour le labourage,
l'application des engrais, le bombement
des planches, le chaulage, l'établiffe-
ment des fang-fues dans les terreins hu-

mides, &c. Toutes ces choses séparées l'une de l'autre ne produiront point les effets qu'on pourroit en attendre ; elles sont tellement liées les unes aux autres, qu'on ne peut se dispenser de les faire marcher toutes ensemble.

Il paroît à propos de faire connoître les différentes espèces de méteil.

On en distingue trois sortes : *le petit méteil, le méteil, & le gros méteil.*

Le petit méteil est un quart de froment & trois quarts de seigle.

Le méteil est moitié l'un & moitié l'autre.

Le gros méteil est deux tiers de froment & un tiers de seigle.

Il y a outre cela *le bled ramé*, qui est un huitième de seigle, & le reste en froment.

On a vu dans le premier chapitre que les terres étant de différentes natures, il falloit donner à chacune ce qu'elle étoit en état de porter ; on a en même temps indiqué celles qui étoient propres au froment ; celles à qui il ne falloit confier que du seigle ; celles qui étoient en état de produire du méteil, &c. Ainsi, je me dispenserai de répéter ce qu'on a déjà lu. Il me reste à prouver l'avantage qu'on retire du méteil.

Si l'on femoit du froment feul dans une terre qui n'eft propre qu'au méteil, on perdroit toutes fes avances. Si au contraire on n'y femoit que du feigle, on ne retireroit pas de fon terrein tout ce qu'il peut produire. Le feigle empêche le froment de verfer dans une terre où il ne pourroit fe foutenir s'il étoit feul. Si l'on ne cultivoit point de méteil, on fe priveroit d'une grande quantité de froment qu'on recueille par ce moyen. Il eft aifé de le féparer à la pelle. On doit encore obferver que les pailles de feigle ne donnent pas pour les beftiaux un fourrage auffi bon que celles qui proviennent du méteil ; ajoutez que le prix de celui-ci eft toujours beaucoup au-deffus de celui du feigle, & qu'il fournit plus. Le feigle ne rend tout au plus par feptier que 140 livres de pain ; le petit méteil en rend 160 ; le méteil 170 ; le gros 200 ; le bled ramé 270 à 280. Les boulangers de province achètent beaucoup de ces deux derniers.

On a vu avec furprife, dans une brochure intitulée *Avis au peuple*, qu'il falloit défendre la culture du méteil. L'abbé Baudeau, fi connu par fon fanatifme pour les nouveaux fyftêmes prétendus économiques, s'exprime ainfi dans le fecond traité de l'ouvrage cité :

F 3

« Les propriétaires intelligens, les cu-
» rés & les seigneurs qui veulent le bien
» public, devroient empêcher autant
» qu'ils le peuvent, par l'exemple, par
» l'exhortation & *par l'autorité*, cette mau-
» vaise méthode (de semer du méteil)
» de s'étendre & de se perpétuer (1). »

Tous les véritables agriculteurs se sont élevés contre cette proscription, & le savant Economiste a été solidement réfuté dans les Gazettes d'agriculture (2). Ce ne sont malheureusement pas les seules erreurs que ces fameux Economistes aient publiées avec un enthousiasme qui n'a point d'exemple.

Les propriétaires intelligens, les curés & les seigneurs qui veulent le bien public, ont continué à semer du méteil, dont ils s'étoient toujours bien trouvé, & ils ont laissé dire à l'abbé tout ce qu'il a voulu. Un grand homme auroit reconnu son erreur & se seroit rétracté publiquement.

----

(1) *Voyez* la fin du numéro 5 de ce Traité, qui a paru en 1768.

(2) *Voyez* les numéros 41, 42, 43 de l'ann. 1768.

CHAPITRE VI.

Maladies des Grains.

Les maladies auxquelles les grains sont ordinairement sujets, sont la nielle, la carie, le charbonnage, &c. On a déjà fait de grandes recherches sur les causes de ces maladies ; les uns les ont attribuées à une chose, les autres à une autre, sans convenir du véritable principe. Il en a été de même des préservatifs qu'on a imaginés, & qui n'ont pas eu plus de succès.

La véritable cause provient certainement de la malignité du terrein, puisque ces accidens n'arrivent ordinairement que dans un sol malsain & humide. Les exhalaisons qui sortent d'un pareil terrein, s'attachent plus ou moins aux tuyaux & les corrompent. Ces exhalaisons suivent le mouvement du vent ; la partie de l'épi qui s'en trouve frappée, se charbonne & se pourrit : celle qui ne reçoit la vapeur qu'obliquement, est simplement teinte, & celle qui l'a reçue plus foiblement, est

encore moins endommagée. Si la quatrième partie se trouve à l'abri, elle reste
entièrement saine. Si les épis sont entièrement penchés vers la terre, il reçoivent
toute la malignité, & sont totalement
pourris. On voit souvent dans ces terreins mal-sains des épis corrompus avant
que de sortir du fourreau.

On ne doit point être surpris de trouver
sur une même tige plusieurs épis dont les
uns sont bons & les autres mauvais. La
raison en est simple. Comme chaque épi
a sa racine & que cette racine pompe de
bons ou de mauvais sucs, suivant l'endroit où elle se trouve, la plante qui n'a
pas pris de bonne nourriture, reçoit plus
facilement l'impression des mauvaises vapeurs ; celle au contraire qui a une bonne
nourriture, résiste mieux à ces intempéries.

L'unique reméde à ces accidens est de
bons labours, comme ils ont été indiqués
ci-dessus, des engrais propres à ces natures de terres & mis dans les saisons convenables, des planches bien bombées pour
éviter les humidités, des sang-sues si le
terrein est trop humide, enfin le chaulage des grains. Ce dernier moyen, for-
mant déjà un engrais par lui-même,
donne tant de force à la plante, qu'elle

peut braver les intempéries même des faisons. On fait que dans un temps de malignité les hommes forts & robustes réfistent mieux que ceux qui font foibles & délicats ; ces derniers font ordinairement les premières victimes de la contagion. Il en eft de même des plantes. M. de Sutières n'a jamais eu d'épis bruinés, charbonnés, niellés, &c. dans aucune des terres qu'il a fait cultiver fuivant fes principes, & cependant il en avoit d'humides & de mal-faines. Il s'enfuit de ce que je viens de dire qu'une bonne culture remédiera à tous ces maux. Si les préjugés étoient une fois bannis, on ne fe plaindroit pas fi fouvent des maladies des grains. On ne veut pas pratiquer ce qu'on enfeigne, quelque facile qu'il foit, & l'on fe contente de dire qu'on promet trop. Encore une fois, *effayez*, *& vous critiquerez après ; mais ne commencez pas par rejeter des chofes que vous pouvez éprouver en petit.*

Outre ces maladies communes aux grains, il y en une particulière au feigle.

On la nomme l'*ergot*, par la raifon que le grain qui en eft attaqué, porte un ergot qui reffemble à celui du coq ; le grain eft d'ailleurs alongé & noirâtre. On prétend que cette monftruofité provient de

certains brouillards, dont l'humidité ma-
ligne pourrit la peau qui couvre le grain,
l'altère & le noircit; ce qui donne lieu
à la fève de s'y porter d'autant plus
abondamment, qu'elle ne se trouve plus
resserrée par l'enveloppe dans les bornes
ordinaires, & qu'elle occasionne par-là
un accroissement monstrueux dans le
grain. Les gens de la campagne regardent
ce seigle comme un grain dégénéré.

M. Tillet, de l'académie royale des
Sciences, pense que ce désordre provient
de la piquûre d'un insecte, puisqu'à l'aide
du microscope on trouve toujours la
même espèce de chenille dans tous les
grains *ergotés*.

M. Read, docteur en médecine de
l'Université de Montpellier, a fait un
mémoire sur cette maladie singulière de
l'*ergot*. Après avoir bien examiné les
grains *ergotés*, il s'est déterminé pour le
système de M. Tillet. « Je crois, dit - il,
» qu'un insecte, en piquant le grain dès
» les premiers momens de son développe-
» ment, y excite une fermentation par le
» moyen de la liqueur qu'il y dépose. Or
» comme l'effet de toute fermentation est
» d'étendre considérablement les particu-
» les du corps qui fermentent, ces mê-
» mes parties suivent la direction de la

» balle, se courbent par leur propre
» poids, & se condensent par le contact
» de l'air ».

M. Read entre ensuite dans le détail
des maladies dont sont attaqués ceux qui
mangent du pain fait avec le seigle *ergoté* ;
ces maladies sont : les fièvres malignes,
les putrides, la gangrène sèche, les dou-
leurs aiguës dans les extrémités, & souvent la privation d'un membre affecté, qui
se détache de lui-même de l'articulation.

De-là, ce savant médecin passe en revue les maladies épidémiques & extraor-
dinaires, arrivées en 1093, 1130, 1254,
1374, 1709, 1764 (1), & fait voir
qu'elles ne provenoient que de l'usage
qu'on avoit fait du seigle *ergoté*, sur-tout
en 1764, dans les environs d'Arras & de
Douai.

Convaincu par diverses expériences ré-
pétées que le venin contenu dans l'*ergot*
avoit causé tous ces ravages, il étoit naturel de chercher quelle étoit la qualité &
la nature de ce poison, afin de pouvoir
apporter des remèdes convenables. Les
expériences chymiques lui ont fait découvrir que le seigle *ergoté* contenoit des

____

(1) Le Mémoire de M. Real a paru en 1765.

particules alkalines & putrides. Toutes les personnes instruites savent que les alkalis mêlés au sang, & renforcés dans leur propre mouvement par le mouve-ment intestin de ce liquide, décomposent ce même sang totalement, dissipent ses parties les plus fluides, dissolvent ses soufres, et ne lui laissent que les parties terrestres & visqueuses, propres par leur grossièreté à causer les embarras, l'inflammation & la gangrène.

M. Read termine ce mémoire par la formule des remèdes qu'on doit employer lorsqu'on est affecté des maladies occasionnées par le seigle *ergoté*. Il adopte le traitement indiqué par MM. Larcé & Tarangeres, médecins d'Arras, qui, à la réquisition de MM. les députés généraux des états d'Artois, ont publié une méthode curative : l'usage des acides & du quinquina a très-bien réussi dans le traitement de ces maladies, & M. Read les conseille à ceux qui en sont attaqués.

On trouve dans le dictionnaire de *l'Histoire Naturelle* de M. de Valmont de Bomare, au mot *Abeille*, que le miel étendu sur du pain, dans lequel il y a eu de l'*ergot*, empêche qu'il ne fasse de mauvais effets.

On a imaginé des cribles pour séparer l'*ergot* du grain ; d'autres ont conseillé de

passer le grain à la lessive de chaux ; mais
tous ces moyens n'ont pas été d'une grande
utilité. Les paysans sont si obstinés, qu'on
en a vu, sur-tout du côté de la Sologne,
refuser d'échanger leur seigle ergoté contre du bon grain que leur avoient offert
des personnes riches & charitables, qui
voyoient avec peine les maladies auxquelles ils s'exposoient. Ils se mettent à
rire lorsqu'on leur parle du danger qu'ils
courent. Les enfans s'amusent même à
manger l'ergot. Quand le bled n'est pas
cher, les habitans de la Sologne, consen-
tent à cribler leurs grains & à séparer
l'*ergot* ; mais s'il est cher, ils l'emploient
avec le grain.

C'est ici le cas où il seroit à desirer
qu'on employât l'autorité pour enlever
tous les seigles ergotés ; mais il faudroit
en même temps rendre au malheureux pay-
san la même quantité de bon seigle.

Les terres à seigle sont, comme on le
sait, les moins bonnes de celles qu'on
ensemence en grains. Si, à leur qualité
médiocre, il s'y joint encore un fonds humide, froid & mal-sain, il n'est pas étonnant qu'elles ne donnent que de mauvaises
productions, sur-tout s'il y a eu un hiver
pluvieux & un printemps trop froid &
plein d'intempéries ; c'est ce qui est arrivé

cette année 1770. On remédieroit à ces maux, si le cultivateur donnoit de bons labours à sa terre; qu'il ne lui donnât que la quantité & la qualité de l'engrais qui lui est propre, s'il employoit cet engrais à la fin de l'automne, qu'il labourât en planches bien bombées si son terrein est bien humide, si enfin il *chauloit* son grain avant de le semer. Le chaulage écarte ou fait périr les petits insectes qui éclosent dans la terre, & par conséquent garanti-roit le grain de la chenille qu'on a remar-quée dans le grain ergoté.

Tous ceux qui ont cultivé suivant ces principes, ont toujours eu des récoltes saines & abondantes; leurs grains n'ont jamais été sujets à aucune maladie, & n'ont point versé à plat. Cette culture, suivie dans tous les points, rend les terreins plus sains & plus productifs. On doit con-cevoir que le bombement des planches doit donner plus d'air aux plantes, & qu'elle les garantit des grandes humidités toujours funestes.

J'ai cru devoir répéter ici ce que je venois déjà de dire en parlant des maladies des autres grains.

J'ajouterai, au sujet de l'*ergot*, qu'on en a trouvé quelquefois au froment; ce qui est encore arrivé cette année.

CHAPITRE VII.

Moyens de conserver sans risque & sans frais les bleds pendant plusieurs années.

LES moyens de conserver les grains en les faisant passer par les étuves, ne paroissent pas avoir été dictés par la saine physique. J'ai vu de ces grains étuvés, je les ai brisés & je n'y ai trouvé qu'une mauvaise farine & en très-petite quantité; on pourroit même dire une espèce de poussière. Je n'en ai point été surpris, car cela étoit dans l'ordre des choses. Il est naturel que la chaleur des étuves ou des fours, enlevant avec trop de force toute l'humidité, la pulpe ne devienne plus qu'une poussière grise & privée de la plus grande partie de sa substance. Le pain fait avec cette espèce de farine, sent toujours la poussière, & ne fait pas une nourriture solide. J'ai vu, au contraire, des grains qu'on avoit conservés pendant six ans, suivant la méthode de M. de Sutières, & qui étoient pleins d'une belle farine blanche & sans odeur. Comme cette méthode est simple , & qu'elle n'exige aucuns frais , ceux qui n'agissent pas par préjugé ou par esprit de système , pourront la suivre ; la voici.

Quand le bled est battu , on le laisse dans sa paille , c'est-à-dire , dans la paille au vent. A mesure qu'on le bat , on le met de côté , soit dans un coin de la grange , soit dans tout autre endroit un peu sec. Aussi-tôt qu'on a rentré dans la grange un nombre suffisant de gerbes de bled de la nouvelle récolte pour en former trois lits , & qu'on les a bien entassées , il faut jeter dessus le bled qu'on a gardé dans sa menue paille , environ l'épaisseur de deux ou trois pouces. Cette opération faite , on forme de nouveau deux lits de gerbes , sur lesquelles on répand la même quantité de bled qui est dans sa même paille , & l'on continue de la sorte à proportion de la quantité qu'on veut en garder. Ce grain ainsi mêlé avec la nouvelle récolte , s'y façonne , sue de nouveau , se régénère , pour ainsi dire , dans le tas , y acquiert une nouvelle qualité que le nouveau grain lui communique en jetant son feu ; on peut être assuré que l'ancien bled ne se gâtera jamais , pourvu que la nouvelle récolte soit *bien saine & bien sèche.* Deux qualités absolument nécessaires; on doit en sentir les conséquences.

Ce bled, quoique gardé pendant cinq ou six ans, peut servir de semence comme M. de Sutières l'a expérimenté en 1746. Il est d'ailleurs plus en sûreté dans cet endroit que dans tout autre, car il n'est pas possible que les rats, les souris ou les autres vermines puissent y entrer, tant le tas est serré, soit par sa pesanteur naturelle, soit par celle des gerbes dont on le couvre; l'air même n'y peut pénétrer. Il n'y a donc qu'à gagner à cette façon de conserver le bled, puisqu'elle le bonifie. On ne peut mieux comparer le grain ainsi gardé, qu'au bon vin vieux qui acquiert de la bonté en vieillissant. Ainsi le bled de six ans sera toujours meilleur que celui de la nouvelle récolte, & même de deux ou trois ans.

Il faut observer de ne jamais faire battre son bled aussi-tôt après la récolte. Non-seulement il n'auroit point de qualité, mais encore il ne se pourroit pas garder long-temps. Il faut qu'il reste entassé dans la grange, ou en meule, jusqu'à ce qu'il ait reflué, jeté son feu, & qu'il se soit façonné : le pain en est d'ailleurs plus sain & meilleur.

Les bleds des récoltes précédentes qu'on

veut garder, en suivant la méthode qui vient d'être indiquée, reçoivent la vapeur & les sucs de la nouvelle récolte qui les communique sans en être nullement altérée ; celle-ci, par ce moyen, se façonne encore mieux, parce que ses sucs se conservent sans s'évaporer ; au lieu qu'il s'en exhale une partie quand les gerbes de la nouvelle récolte ne sont point arrangées comme on vient de le dire. Les bleds ainsi entassés se façonnent mieux & beaucoup plus vîte.

On sait qu'il y a des pays où l'on jette le vin nouveau sur le vieux. Le premier, qui est plein de feu & d'esprit, ranime le vin vieux & même usé, en lui communiquant sa vivacité. Ces deux vins se bonifient ensemble, & deviennent potables en peu de temps.

En faisant vanner le bled, sur-tout avec le moulin dont on se sert en Picardie, on peut encore le conserver dans le grenier sain & sauf pendant deux ou trois ans, pourvu que la récolte ait été bien saine & bien sèche. On ne peut trop recommander l'usage de cet instrument. Il fait tout à la fois quatre opérations par le seul secours d'un jeune homme de 12 à 15 ans. Il jette environ 18 pouces derrière lui la menue paille ; la poussière & les mauvais grains tombent à travers un grillage de fer, fur lequel le bled fe façonne ; dans le deffous du moulin font les balles, ou, comme on dit ailleurs, les ottons, & le bled bien nettoyé & bien purifié tombe dans le devant. Il eft, felon M. de Sutières, la plus utile & la plus néceffaire machine qu'on ait jamais inventée pour l'avantage de l'agriculture. Elle eft bien moins fatigante que le van. Elle épargne les mains-d'œuvre, & dans une feule opération elle met le bled dans l'état où il doit être à quelqu'ufage qu'on le deftine.

Les deux moyens qu'on vient de propofer pour garder, fans aucun frais, les bleds pendant plufieurs années, feront fuffifans fans en employer d'autres, qui font prefque toujours difpendieux, quelquefois même peu fûrs, pour ne pas dire mauvais. On s'en apperçoit affez fouvent au goût de relent ou de pouffière que les bleds ont contracté.

Si les terres enfemencées font garnies de mauvaifes herbes (ce qui arrive par le défaut de bons labours & d'engrais appliqués hors de faifon, ou en trop grande quantité), il y a à craindre que les gerbes ne foient remplies de ces mêmes herbes ; alors il faudroit avoir foin de ne les pas entasser avec le vieux bled , comme on l'a preferit plus haut , avant qu'elles ne soient parfaitement deffechées ; il feroit même à propos d'en ôter le plus qu'il feroit poffible; car toutes deffechées qu'elles feroient, elles pourroient donner un goût de foin & de pouffière.

En fuivant exactement tous les principes de culture qu'on a vus dans les chapitres précédens , on ne fera pas dans le cas de craindre cette quantité de mauvaifes herbes qui étouffent fouvent les bleds, & qui tirent une grande partie des fucs de la terre.

CHAPITRE VIII.

Comment on peut faire , prefque fans frais ; les défrichemens.

Tous les défrichemens , de quelque nature qu'ils foient , ne doivent être faits qu'avec la charrue (1) dans les mois

----

(1) Les défrichemens qui fe trouvent dans des pentes , doivent être faits avec une charrue à tourne-oreille , parce qu'il eft plus aifé de ren-

d'octobre, de novembre, de décembre, ou de janvier. Le sol étant retourné dans cette saison, le gazon se pourrit pendant l'hiver; & la terre, en s'ameublissant, devient propre à bien recevoir la semence qu'on y jettera dans le mois de février ou de mars, selon le temps qu'il fait dans l'un ou l'autre de ces deux mois : car s'il est beau dans le premier, on ne doit point hésiter d'ensemencer les défrichemens. Pleins de sels & de sucs que la neige, les brouillards, les vapeurs de la terre, & les influences de l'air y ont déposés, ils sont bien plus propres à la production, que si on les eut faits pendant l'été, parce qu'alors les sucs & les sels qu'ils auroient renfermés, se seroient évaporés, ou auroient été desséchés & brûlés par la grande chaleur & les ardeurs du soleil. Il est aisé de juger par cette observation, combien la méthode de ceux qui enseignent qu'il faut brûler le gazon, doit être pernicieuse, & combien il est essentiel de ne la pas laisser accréditer. Tout ce qu'on peut donc faire dans cette saison, c'est de mettre les défrichemens qu'on doit faire, en

---

verser la terre du côté de la pente, ce qui ne pourroit être exécuté que difficilement avec toute autre charrue.

état de recevoir la charrue à la fin de l'automne, ou au commencement & pendant
l'hiver : je veux dire qu'il faut en faire
arracher toutes les racines , & ôter tous
les obstacles qui pourroient arrêter la
charrue. Cette opération se fait ou au
profit de celui qu'on emploie , & alors on
ne lui donne point d'autre salaire , ou au
profit du propriétaire. Si l'on prend ce
dernier parti , quoiqu'alors on paie l'ou-
vrier , on y gagne quelquefois par la
quantité de racines & de bois qu'on en
retire. En vain certains auteurs veulent-ils
persuader qu'avec une charrue, & à force
de tirage, on peut enlever des racines ou
buissons qui ont jusqu'à deux pieds de
tour ; outre que par la quantité de chevaux qu'il faudroit pour cette opération,
il en coûteroit beaucoup plus, c'est qu'elle
ne pourroit avoir lieu sans détériorer le
sol & le dépouiller de ses sels & de ses
sucs , nécessaires à ménager pour avoir
d'abondantes récoltes. Il faut encore observer que dans de mauvais terreins on
risqueroit de ramener la mauvaise terre
par-dessus.

Il est vrai qu'il se trouve des défrichemens où il en coûte beaucoup plus ,
parce qu'il se rencontre des roches ou
pierres, dont on ne peut retirer aucun

avantage ; mais on en eſt bien dédommagé par les récoltes réitérées qu'ils procurent.

Après la première récolte de ces défrichemens, qui eſt toujours aſſez bonne,
on les fait labourer dans la même ſaiſon
que la première fois, parce que indépen-
damment des avantages dont j'ai déjà
parlé, le gazon qui eſt pourri, de même
que les petites racines qui ſont reſtées
dans cette terre, forment un engrais qui
procure trois ou quatre récoltes de ſuite
dans les terres médiocres : dans les bons
& dans les mauvais prés que l'on défriche, on fait ſix, ſept ou huit récoltes,
ſuivant la nature du ſol, ſans avoir beſoin d'aucun amendement.

La première ſemence qu'on doit mettre
dans les défrichemens, eſt celle d'avoine.
Car pour y ſemer du bled, il faut attendre que la terre n'ait plus que les ſels &
les ſucs néceſſaires pour ſa production.
Autrement les bons terreins n'étant pas
ſuffiſamment uſés par les menus grains,
les bleds venant à verſer, la paille en ſeroit
gâtée, peut-être, même pourries, & les
épis très-peu garnis de grains. D'ailleurs
le ſol n'étant pas encore bien ameubli,
le bled qui ne ſe plaît pas dans les défrichemens, n'y feroit ſa production que

très-difficilement. J'ai fait défricher de mauvais prés, dit M. de Sutières, j'en ai déjà tiré cinq récoltes de suite d'avoine. Je compte encore en faire deux ; & après la septième, y faire donner sur le champ un labour, le second en septembre & le troisième en octobre, pour les ensemencer en bled froment. Ce seront donc huit récoltes de suite que j'en aurai tirées sans y avoir mis aucun engrais, & j'espère encore avoir l'année suivante, après deux bons labours d'hiver, une abondante récolte d'avoine, qui fera la neuvième.

Quelqu'un me dira sans doute, pourquoi ne faites-vous donner qu'un labour à ces terres nouvellement défrichées pendant ces sept premières récoltes, & cela toujours pendant l'hiver ? Il est aisé de répondre à cette question. C'est pour en ménager les sels et les sucs, parce que rien dans cette saison ne peut les altérer. C'est encore le même motif qui m'engage à ne les faire foncer que peu à peu, parce qu'en ramenant sur ce sol dans les deux ou trois premières années un peu de terre neuve, j'ai une récolte plus abondante en paille & en grain. Ceux-là se trompent donc bien grossièrement, qui prétendent qu'il faut renvoyer les défrichemens à un autre temps, & attendre

que

que les autres terres foient dans toute leur
valeur, car rien n'eft plus avantageux,
pour exécuter la dernière opération, que
de faire défricher. Les fourrages abondans
qu'on en retirera, feront très-utiles pour
nourrir les beftiaux qui fourniront affez
d'engrais pour fumer les autres terres qui
feront en jachères. Le Gouvernement
fent bien depuis quelque temps la néceffité des défrichemens, puifqu'il feconde
la bonne volonté de ceux qui ont le
courage de les entreprendre. On fe trompe
encore lorfqu'on dit qu'il faut foncer les
terres d'un pied ou de neuf pouces, car
outre qu'on n'y réuffiroit pas, même à
force de tirage, dans prefque toute forte
de fol, ceux fur lefquels l'opération pourroit s'exécuter ne procureroient peut-être
pas une feule bonne récolte.

Les défrichemens enclavés dans les
terres qui font en culture, font encore
néceffaires, car les terres en friche fervent
de retraite à toute forte de vermines qui
mangent & dévorent dans certaines années toutes les récoltes des terres qui les
avoifinent, tels font les mulots; les fouris, les limaçons & les gros vers qui produifent les hannetons. On y trouve même,
en les faifant défricher, jufqu'à des nids
de léfards & de couleuvres. Le feul moyen

G

de détruire tous ces insectes est de mettre les terres en valeur (1).

Voici comment M. de Sutières s'y est pris pour cultiver celles qui étoient en friche, à cause des roches dont elles étoient remplies. Il a fait enlever les moins grosses, enterrer les autres en les faisant tomber dans de grands trous ou fossés qu'on avoit creusés auprès : il les a fait ensuite couvrir de terre, de même que celles qui n'étoient que sur la superficie du sol, afin de pouvoir labourer par-tout sans que la charrue fût arrêtée ou brisée. Il a retiré un double avantage de cette opération. 1°. Toute sa terre est devenue labourable. 2°. En la faisant creuser, il a trouvé de très-bonne marne que l'on tiroit aisément, puisqu'elle n'étoit qu'à un pied en terre : il en a fait transporter sur le même sol où il l'avoit trouvée & qui en avoit besoin, de même que dans d'autres terres qui en étoient proches,

---

(1) Si toutes les terres étoient en valeur & bien cultivées, on se plaindroit bien moins de toutes les bêtes qui dévorent nos productions. Observez qu'on a bien de la peine à se garantir de toutes les vermines (terme en usage dans la campagne), si on a un terrein proche d'un canton qui est en friche.

& elles lui ont procuré en 1764 des récoltes plus belles & plus abondantes que
celles où il n'avoit fait mettre que des
fumiers de basse-cour. Quant à celles où
les pierres n'étoient pas plus grosses à-
peu-près que des moëllons, & de moindre
grosseur, il s'est borné à les faire voiturer
dans les chemins, en faisant ramener dans
ces mêmes terres de la marne, du gazon,
ou de la terre neuve. Ainsi il ne s'est point
trouvé exposé à voir ses charrues bri-
sées : par ce moyen on ménage la main
d'homme, on diminue le travail des chevaux, & ces roches ou recouvertes ou
jettées hors du champ, ne peuvent plus
étouffer ni brûler les jeunes plantes de
grains, comme il arriveroit naturellement
sans ces précautions : c'est une erreur de
croire que les pierres dans les terres froides
& humides leur sont nécessaires pour les
réchauffer. Dans quelles saisons ces pierres
doivent-elles réchauffer la terre ? Est-ce
en hiver ? Elles la refroidissent plutôt
que de la réchauffer. Est-ce en été ? Ces
natures de terres qui sont ordinairement
cases, glutineuses & glaiseuses, ne sont
que trop chaudes en été, & les pierres
qui s'y trouvent, ne servent qu'à les
sceller davantage, & lorsqu'elles sont
réchauffées par l'ardeur du soleil, elles

brûlent les plantes qui les avoisinent. Ce sont les engrais des différentes marnes & les divers fumiers appliqués dans les saisons convenables, qui doivent & peuvent réchauffer ces sortes de terreins, & non pas des pierres qui ne sont capables que de nuire aux instrumens aratoires. Des terres de cette nature ne doivent pas être levées en août ou en septembre pour les semer en octobre suivant. Ce seroit agir contre les véritables principes de l'agriculture.

Ceux-là se trompent encore, qui disent : Si nos terres n'ont pas rapporté beaucoup de bled, n'ayant point été altérée par la récolte des bleds, nous ferons faire une production bien plus considérable aux mars suivans ; je pense au contraire que des terres bien cultivées, & qui n'ont produit que du bon bled, sont moins altérées que celles qui ont été couvertes en grande partie de diverses plantes analogues à la nature du sol. Toutes ces productions ne peuvent se faire qu'aux dépens des sucs de la terre. Il y a plus : c'est que les graines de ces plantes, répandues sur le sol, nuiront aux grains qu'on sème en mars.

Je passe à la méthode de M. de Sutières pour rendre fertiles les terres incultes qui sont auprès des bois. Il est également intéressant & pour les terres, & pour les bois, qu'ils soient séparés par de bons fossés profonds, & à pied droit le plus qu'on le peut. D'abord la terre ou la marne qu'on en tire, peut servir d'engrais, en la faisant répandre sur le sol; & les racines du bois & les ronces ne pouvant plus s'étendre dans cette terre, elles n'en épuisent plus la substance; & l'ombre du bois étant plus éloignée, ne peut plus nuire à la récolte. On empêche de plus par ce moyen les bêtes d'aller manger le bled; & si l'on ne le garantit pas tout-à-fait des lapins, il est très-certain qu'on diminue beaucoup le dégât qu'ils iroient y faire. D'un autre côté le bois ayant plus d'air, en profite beaucoup mieux, & les bestiaux ne peuvent plus s'y glisser pour le dégrader.

Ces sortes de fossés sont aussi très-utiles le long des chemins & voiries, sur-tout lorsqu'ils sont fréquentés par les bestiaux que l'on mène aux foires : M. de Sutières en a fait l'expérience dans la terre de Bellefontaine. Outre qu'il a rendu ces chemins plus praticables, c'est qu'il a encore garanti les grains des ravages des bestiaux que l'on conduit à la foire de Flagi. Il a empêché la récolte d'être renversée par les eaux qui tomboient dans les temps d'orages, des montagnes & buttes dont ses terres étoient environnées. Il a détourné les sources qui en submergeoient une partie; et en mettant les chemins dans leur largeur néceffaire, il a gagné plufieurs arpens de terre qui n'étoient auparavant que des friches, & d'aucun rapport. C'eft donc à tort qu'un auteur moderne s'élève indiftinctement contre les foffés, car s'ils peuvent être inutiles dans quelques circonftances, ils font très-avantageux dans bien d'autres.

Perfonne n'ignore combien il eft effentiel de faire perdre les fources & moulières qui fe trouvent dans des terres propres à être mifes en culture. Qui eft-ce qui ne fait pas que les grains qui font dans des terres où l'eau féjourne trop pendant l'hiver, font expofés ou à pourrir, ou à être coupés par la racine, lorfqu'il furvient de fortes gelées ? La terre ne produit après ces accidens, que de mauvaifes herbes ou plantes qui y gâtent & corrompent dans les granges, la plupart du temps, le peu de bled ou d'autres grains qu'on a recueillis. Il eft donc de la dernière conféquence de ne rien négliger pour faire perdre les eaux dans toutes les terres deftinées à être mifes en labours. On a déjà fait entrevoir qu'il n'y a aucune nature de terre qui ne soit susceptible de cette opération; & on y réussira toujours, soit en les labourant, comme je l'ai dit plus haut, en planches plus ou moins larges, plus ou moins bombées, & en leur faisant donner quatre bons labours d'égale profondeur. En y semant ensuite les grains à la herse, après y avoir mis les engrais convenables, & avoir bien ameubli le sol, les eaux s'y filtreront toujours aisément, sur-tout si l'on a soin, quand elles sont trop abondantes, d'y faire des sangsues qui traversent les planches.

Les moulières ne sont occasionnées que parce que le sol de dessous est fort pesant, casse, glutineux, ou glaiseux. L'eau ne pouvant y pénétrer, reste sur la superficie ou entre deux terres. On lui facilitera sûrement le passage, si on commence à faire conduire dans ces sortes de sols deux ou trois tombereaux de marne de plus que dans les autres terres. Il faut ensuite y faire voiturer du gazon ou des terres neuves tirées des endroits un peu sablonneux, & différens fumiers mêlés de basse-cour. Ces trois engrais avec les quatre labours qu'on fait donner à ces terres, les ameublissent tellement, que deux chevaux ne fatiguent pas plus à y tirer la charrue, que s'ils étoient dans les terres

franches; au lieu qu'auparavant trois
suffiroient à peine. En retournant cette
terre, la charrue en enlève des parties
qui pèsent jusqu'à 50 ou 60 liv. & elle
s'en remplit de façon, que le charretier
est continuellement obligé de la récurer.
Aussi quoique l'hiver ait été fort humide
en 1764, M. de Sutières est venu à bout de
dessécher entièrement le terrein. Voyons
les moyens dont il s'est servi pour faire
perdre dans la terre les sources qui l'inondoient.

Je n'ai rien à ajouter, dit-il, à ce que
j'ai dit ailleurs des sources que j'ai dé-
tournées par le moyen des fossés que j'ai
fait creuser, & que j'ai fait conduire, tant
par des sang-sues que par de petits fossés,
soit dans mon potager, soit dans d'autres
endroits : ainsi je me contenterai d'indiquer les moyens dont je me suis servi pour
faire perdre dans la terre même les différentes sources qui en inondoient des
portions. Je me suis d'abord attaché à découvrir d'où venoient ces sources; &
après m'être bien assuré de l'endroit où
elles commençoient, j'ai fait faire des
sang-sues un peu larges jusqu'au champ
où il y avoit de la terre meuble & remuée
par les taupes. Voyant que l'eau s'y perdoit à mesure qu'elle y arrivoit, j'ai fait

faire dans cette pièce un petit puifard. Je l'ai fait remplir jufqu'à un pied au-deſſous du fol, de pierres qu'on avoit ramaſſées dans le champ même. J'en ai auſſi fait mettre dans la ſang-ſue un peu large, qui y conduiſoit l'eau depuis la ſource. J'ai fait enſuite couvrir de terre & le puifard & la ſang-ſue. Je n'ai ceſſé depuis 1760 de faire labourer par-deſſus tous ces endroits, & jamais il n'a paru depuis ſur la terre une ſeule goutte d'eau. Quand les ſources avoiſinent les endroits où l'eau peut être néceſſaire, alors le puifard devient inutile. On ſe contente de faire un petit foſſé depuis la ſource jufqu'au lieu où on veut la faire écouler. On remplit le foſſé de pierres que l'on couvre enſuite de terre, ſur laquelle on fait paſſer la charrue. Par ces meſures je n'ai plus aucune friche occaſionnée par les ſources ou les moulières, & je fais labourer en planches par-tout où il y en avoit, comme dans les terres qui ont toujours été en valeur.

Quant à celles qui étoient incultes, parce que le fol en étoit brûlant, trop rempli de crayon, de marne, de ſable, ou de cailloux, je n'ai employé, pour les rendre propres à la production, que de bonnes terres lateuſes, d'autres froides

& humides, & des gazons que j'ai fait prendre dans des champs où il se trouvoit quelquefois trois, quatre & même cinq pieds de profondeur de cette terre, ou dans les chemins. J'y ai fait aussi voiturer de bonne terre noire & des récurages de fossés, en ne faisant ces transports que de proche en proche ; j'ai fait perdre les moulières qui y étoient, en y mettant du gazon & différens fumiers ; & après les avoir fait labourer en planches un peu bombées, j'y ai pratiqué quelques sang-sues. Ces sortes de terreins ne sont guères sujets aux moulières que pendant l'hiver ; mais on les épuisera toujours par les moyens que je viens d'indiquer.

CHAPITRE IX.

Moyens d'améliorer les prés bas & les prés hauts.

CES moyens sont assez simples & en petit nombre pour les prés hauts. Le principal est de ne pas les fumer. Ces sortes de sols ont assez de sels & de sucs pour n'avoir besoin d'aucun engrais. Qui ne sait pas qu'en les faisant labourer pour

y femer du grain, ils rapportent fept ou
huit récoltes de fuite fans en exiger
aucuns ? M. de Sutières l'a plufieurs fois
éprouvé depuis 1742. Preuve bien évi-
dente que les prés hauts fe fuffifent à eux-
mêmes pour leurs productions. Suppofé
néanmoins que la récolte fut plus abondante en conféquence du fumier qu'on y
auroit mis, on n'en retireroit pas de plue
grands avantages, parce que cet engrais
donnant un fort mauvais goût à l'herb-
qu'elle conferve pendant deux ou trois
années, les animaux n'y veulent pas tous
cher, & en foulent aux pieds les trois
quarts; ou s'ils en mangent, plufieurs
en font malades, quand l'engrais que l'on
a employé eft d'une mauvaife nature ;
tels que le font, par exemple, ceux de
gadoue, de balayure de cuifine & autres
femblables. Il eft vrai que quelquefois ces
engrais font périr la mouffe qui, en empêchant les productions de bonnes herbes,
n'en occafionnent que de mauvaifes. Mais
il y a un moyen plus fûr pour la détruire
fans aucun inconvénient; c'eft d'y bien
faire paffer pendant l'hiver, dans les
temps fur - tout de neige, une herfe à
dents de fer, jufqu'à ce que toute la mouffe
foit arrachée. Par cette opération, non-
feulement vous l'enleverez toute entière,

mais vous la mêlerez encore avec la terre
que les taupes ont ramenée sur le sol,
avec la neige & avec tous les excrémens
des bestiaux qui y auront auparavant pâturé. Ce mélange formera un engrais bien
plus analogue à la nature de vos prés, &
vous ne craindrez pas d'en éprouver aucune mauvaise suite. Après les gelées, &
quand l'herbe commencera à pousser,
vous ferez passer plusieurs herses à l'envers
sur ce sol. Vous ameublirez par ce moyen
tous les engrais, et vous rechaufferez le
pied de l'herbe. Non-seulement elle en
produira beaucoup plus, mais elle sera
encore d'une meilleure qualité ; & vous
rendrez par-là utile à vos prés ce qui leur
auroit été nuisible, si vous l'eussiez laissé
dans l'état où il étoit auparavant. Néanmoins si vos prés hauts exigeoient absolument quelqu'autre engrais, vous ne pour-
riez pas leur en donner de meilleur que
le parc : il détruira toutes les mauvaises
herbes, les racines, la mousse, & tout ce
qui pourroit nuire aux bonnes productions; & s'il est appliqué à propos, il n'en
fera faire que de très-saines & très-abondantes : avantage que ne procureront jamais dans cette partie tous les fumiers de
basses-cours & les autres engrais (1).

____

(1) On peut encore, pour améliorer toutes les

On peut arranger de même les prés bas
& les marais qui sont trop humides. Ils ne
donnent ordinairement que de l'herbe
aigre & rouillée, parce que les eaux y
croupissent & s'y corrompent. La rouille
s'y attache même quelquefois si fortement, qu'on ne peut l'en détacher en la
faisant faner pour en faire du foin. Aussi
les chevaux ne veulent-ils point en manger la plupart du temps ; & si les vaches
s'en nourrissent, elle les brûle ou elle les
pourrit avec le temps. Il arrive même
assez ordinairement que plus elles en
mangent, plus elles veulent en manger,
parce que cette sorte de nourriture passe
trop facilement. Comme elle ne séjourne
pas dans le corps, ces animaux ne donnent
presque point de lait, maigrissent insensiblement, & dépérissent à vue d'œil. Elle
est aussi nuisible aux autres bestiaux. Pour
prévenir ces effets funestes, faites autour
& à travers de vos prés bas & marais des
fossés assez grands pour en épuiser les eaux.

---

prairies, mettre par-dessous les dents de la herse
des bourées d'épines, les bien attacher à la herse
qui les dépasse un peu, arracheront le reste de
la mousse, mêleront & étendront encore mieux la
neige, la mousse, la terre des taupières, & les
excrémens des bestiaux.

La terre que vous en retirerez, pourra non-seulement être jettée & répandue sur les prairies mêmes, mais encore être transportées sur les terres propres à être mises en labours, & qui n'en sont point éloignées. Elle leur fera beaucoup plus de bien, & les fumera pour plus de temps que tous les fumiers de quelque espèce qu'ils puissent être. Ces opérations faites, on pourra les herser de la manière que je l'ai enseigné en parlant des prés hauts. L'herbe a changé de nature dans les prés bas, où l'on a pris cette précaution, & depuis trois ans elle y est plus abondante & meilleure. Les voitures y passent, comme par-tout ailleurs, tandis qu'auparavant elles ne pouvoient y entrer sans que les roues y enfonçassent jusqu'au moyeu. Aussi étoit-on obligé d'en rapporter à bras une bonne partie des productions. Les bestiaux y vont aussi plus aisément, & y trouvent une nourriture plus bienfaisante.

Ce n'est donc point à former des prairies artificielles, *en général* si nuisibles aux bestiaux, qu'il faut s'occuper, mais à rendre fertiles celles qui subsistent déjà. Je conviendrai volontiers que l'auteur de la nature n'a pas créé inutilement la luzerne, le trèfle, &c. mais cela ne doit pas empêcher d'avoir attention de ne mettre ces sortes de graines que dans les pays où les vapeurs & les exhalaisons de la terre & les influences de l'air ne sont point assez fortes pour les rendre nuisibles aux animaux, & dans les terres où elles viennent avec plaisir. Quelqu'un ignore-t-il que la luzerne de Provence est plus estimée que celle des autres climats ? Au reste, il est assez inutile de mettre dans quelque contrée que ce soit, en prairies artificielles, des terres propres à rapporter du bled & du bon fourrage, puisqu'en mettant en bon état les prairies naturelles, elles font plus que suffisantes pour pourvoir à la nourriture des bestiaux, & que d'ailleurs on peut faire valoir dans toute sorte de pays, tel corps de ferme que l'on voudra, sans aucune prairie artificielle. Les animaux étant alors plus sainement nourris, s'en porteront beaucoup mieux. Et ceux qui récoltent beaucoup de fourrages de leurs prairies naturelles, en vendront à ceux qui n'en ont pas, s'ils en ont absolument besoin : cela ranimera un commerce si interrompu par la quantité de prairies artificielles qui font cause que presque tous les foins des prairies naturelles se pourrissent & se gâtent dans plusieurs provinces, même beaucoup de ceux qui avoisinent la Seine jusqu'au-dessus de Nogent.

Observations de M. Sarcey de Sutières sur la culture du sainfoin & sur les prairies artificielles en général.

Je n'entreprendrai point de réfuter tous les moyens qu'on a donnés jusqu'à présent de faire des prairies arificielles, comme sainfoin, luzernes, trèfles, &c. je commencerai par dire, qu'il ne peut ni ne doit y avoir d'autres moyens que celui qui tend à la perfection de la culture de toutes ces plantes. Je puis assurer que, quand les cultivateurs voudront bien mettre en pratique les moyens que je vais proposer, ils s'en trouveront bien, tant par les bonnes productions que feront les prairies factices, que parce qu'elles ne seront pas dans le cas de manquer, pourvu qu'ils aient égard au climat & à la nature de terre qui peut porter telle ou telle graine, pour former une prairie artificielle.

Le sainfoin ne doit être semé que dans les terreins les plus chauds, qui ont moins de fonds & qui sont les plus arides, par la raison que leurs graines poussent différentes racines qui s'épatent & s'étendent,

& courent entre deux terres, sans jamais pénétrer le sol bien avant, comme le font les racines de luzernes qui piquent & s'enfoncent toujours de plus en plus dans la terre, sur-tout lorsqu'elle se trouve assez bonne & assez meuble. Il est d'autant plus intéressant d'employer les plus mauvais terreins pour les productions des sainfoins, que ce sont des sols les moins productifs & les moins précieux pour les grains, & que ces terreins étant ordinairement chauds & secs, ils sont moins susceptibles des mauvaises exhalaisons de la terre, qui très-souvent rendent ces fourrages & pâturages mal-sains dans certaines saisons, dans certains climats & dans des sols humides & mal-sains.

Le seul moyen de faire une bonne prairie artificielle de sainfoin dans un mauvais terrein, est de faire donner un labour au mois de novembre ou décembre, un second en janvier ou février, & de faire bien herser le sol après chaque labour. On fera ensuite donner le troisième labour en mars, après lequel on semera de l'avoine, mais seulement les deux tiers de la semence qu'on a coutume d'y faire répandre. Lorsque cette avoine sera levée, & à la hauteur d'environ trois ou quatre pouces, on profitera du beau temps pour y semer le sainfoin qu'on enterrera bien avec la herse, sans quoi il ne feroit qu'une production très-superficielle, & les racines se trouvant trop sur la superficie de la terre, seroient tous les ans exposées à être desséchées ou brûlées par les sécheresses & grandes chaleurs, sur-tout dans ces sortes de sols. Personne ne disconviendra qu'une plante dont les racines sont bien recouvertes de terre ne pousse, après s'être bien épatée, de plus vigoureuses & nombreuses tiges que celle qui n'est que légèrement recouverte de terre. Cette seule raison devroit engager les cultivateurs à ne suivre que cette méthode. Il en est de même de toutes les autres prairies artificielles qu'on veut faire dans quelque nature & qualité de terre que ce soit; il ne faut pas y laisser la moindre friche ni la moindre production étrangère: c'est pourquoi il faut exactement faire faire toutes les opérations nécessaires, & sur-tout employer la herse, parce qu'en hersant bien, pour enterrer la semence des sainfoins, luzerne, &c. non-seulement on détruit toutes les mauvaises productions de la terre, mais on donne encore, par cette bonne manœuvre, un binage très-nécessaire à la plante de l'avoine; ce qui lui fait pousser de belles tiges bien garnies

de franges très-nombreuses, bien grenues, & dont la qualité est supérieure à
celle qui n'a point été herfée. Il faut
obferver qu'on ne doit mettre que deux
tiers des femences en avoine, parce qu'en
mettant toute la femence ordinaire, il
pourroit arriver que l'avoine venant trop
drue ou trop touffue, elle étoufferoit les
productions naiffantes & très-délicates du
fainfoin. Il faut que la production d'a-
voine foit feulement telle, qu'elle puiffe
fervir à couvrir & à garantir des intempéries la production du fainfoin, fur-tout
des féchereffes & de l'ardeur du foleil.

Il faut auffi obferver que les prairies artificielles ne doivent jamais être entreprifes
que dans cette faifon, parce qu'en les faifant, lorfque l'on sème les bleds d'hiver,
elles font trop expofées aux humidités,
aux gelées & aux autres intempéries de
cette faifon; en les commençant aux mois
de juillet, août & feptembre; comme la
faifon pour les productions eft déjà fort
avancée dans ce temps-là, les différentes
plantes des prairies artificielles, non-feulement ne peuvent & ne font que des
productions très-hafardées, mais encore
leurs productions n'étant que très-foi-
bles, lorfque la faifon de l'hiver arrive, elles
ne peuvent fouvent en fupporter les di-

verfes intempéries ; & fi elles ne meurent
pas toutes, il en périt une grande partie.

Ceux qui confeillent d'enfemencer les
prairies artificielles en automne n'en con-
noiffent pas tous les inconvéniens ; & je
ne fuis pas de l'avis des cultivateurs qui
propofent d'en établir un grand nombre,
fous prétexte qu'on pourra élever une
plus grande quantité de beftiaux, & qu'on
aura beaucoup plus d'engrais.

J'ai déjà dit, & je le répète encore, que
fans avoir aucunes prairies artificielles,
tant à Ville-Parifis dans l'Ifle de France,
à Belle-Fontaine, Noïfy & Champmerle
en Gâtinois, qu'à Annel en Picardie, j'ai
toujours eu affez d'engrais & même plus
qu'il ne m'en falloit pour approvifionner
& bien engraiffer les terres à bled. Il n'eft
donc pas néceffaire de facrifier un tiers
ou un quart de bons terreins propres aux
productions de différens grains, puifqu'en
même temps que ces terreins fourniffent
abondamment des grains néceffaires pour
la nourriture de l'homme, ils produifent
de très-bons & de très-naturels fourrages, comme la gerbée, les menus, les ottons, pailles aux vents, poudrettes, &c.
qui font fi propres à la nourriture des
différens beftiaux & volailles. On peut
donc avoir grains & fourrages en même

temps & d'un même sol. Pourquoi donc
vouloir tant sacrifier de terreins pour
des fourrages qui sont souvent très-
mal-sains, parce qu'on ne les bat pas
comme les gerbées de grains dont on secoue la poussière & les autres vapeurs de
la terre, qui s'attachent très-souvent aux
sainfoins, luzernes, trèfles, &c.

N'y auroit-il pas d'autres fourrages
encore bien meilleurs & plus profitables
pour la nourriture des bestiaux & chevaux, qu'on pourroit substituer aux prairies artificielles, sans cependant employer
inutilement des terreins considérables ?
Les pois, vesces, lentilles, bisailles, dra-
geés & fèves ne sont-ils pas des fourrages
excellens pour les différens bestiaux ? Leurs
graines ne servent-elles pas à nourrir &
même engraisser les pigeons, volailles &
cochons ? Ces fourrages à moitié battus,
ou seulement secoués dans les granges, ne
sont-ils pas plus nourrissans & plus sains
pour servir de nourriture à ces animaux
que tous les sainfoins, luzernes, trèfles,
pimprenelle, &c.

Il est très-certain qu'un fourrage qui
renferme des graines ou grains a bien plus
de substance, & est bien plus capable
d'engraisser toutes sortes d'animaux &
volailles d'une ferme, que tous ceux

qu'on tire des prairies artificielles, quelque faines & bonnes qu'elles puiffent être. Des fourrages qui ont paffé fous le fléau, ou qui ont été fecoués avec des fourches avant que de les donner à manger aux bêtes, font toujours plus fains : ajoutez à cela que ces fourrages ne coûtent prefque rien, d'abord parce qu'ils n'occpent aucuns fols inutilement, puifque l'on met ces fortes de fourrages dans les terres qui doivent refter en jachères ; & en fecond lieu, parce qu'un fermier bien entendu, fur trente arpens de jachères qu'il aura, en prendra cinq à fix arpens des meilleures terres qu'il fumera & labourera en hiver. Au mois de mars il donnera un fecond labour à ces mêmes terres, les femera en vefces, lentilles, bifailles, &c. Après la récolte, il fait encore donner deux labours à ce fol, & il peut aifément les enfemencer en bled au mois d'octobre fuivant ; ce que les fermier de la France, de l'Ifle de France & de la Brie appellent faire du *réfrécis*, & ce que l'on appelle dans la Picardie faire du *riboulis*. L'on voit par cette opération, qui peut fe renouveller à chaque fol, qu'un terrein bien dirigé, bien conduit & bien cultivé peut être enfemencé deux fois dans la même année, fans cependant l'altérer ni le dégrader, d'autant plus qu'il a été fumé avant sa première production, qu'il a même la vertu de ne point effriter la terre.

Par le moyen de ces fourrages, grains & graines, on se procure, sans qu'il en coûte rien, des semences pour faire la même opération. Combien n'est-il pas plus avantageux de faire de ces fourrages que d'en faire en prairies artificielles, nourritures & pâturages toujours risquables, sur-tout dans les climats & sols froids & humides. Lorsque je donne de semblables conseils, je ne le fais qu'après avoir bien expérimenté tout ce que j'annonce, tant sur des corps de fermes très-considérables, que sur d'autres petites parties de terres que j'ai fait valoir dans plusieurs cantons & plusieurs provinces du royaume; je n'ai jamais été tenté, après avoir examiné l'effet des prairies artificielles, en luzerne sur-tout, d'en faire faire dans les climats où j'ai fait valoir; je sais parfaitement que cette sorte de prairie artificielle fait des productions admirables en Provence & dans les pays qui avoisinent cette province; mais je sais aussi, & je l'ai appris par expérience, que les différens sols de ces cantons, & leurs climats, sont plus sains & plus ana-

logues à cette production, qu'ils ne le font
dans les provinces où j'ai fait valoir. Il
faut donc que chaque cultivateur, fermier ou laboureur fasse faire des productions à leurs terres suivant la nature &
la qualité du terrein, & suivant les climats qu'il habite.

Si j'ai quelques prairies artificielles à
conseiller, ce ne sera jamais que celle du
sainfoin, parce que c'est la seule que
l'on puisse semer avec avantage dans les
plus mauvais terreins, les plus secs & les
plus chauds, pour les raisons que j'ai
dites ci-devant, & parce qu'il ne peut
exhaler de ces terreins chauds aucunes
mauvaises vapeurs; celles même qui viennent d'en-haut, y sont bientôt dissipées par
la chaleur naturelle du sol : il n'y a donc,
par cette raison, rien à craindre de ces
fourrages & pâturages. Lorsqu'on veut
que les plantes ou côtons du sainfoin
soient moins grosses ou moins dures, il
faut semer la graine un peu drue ; &
comme cette sorte de prairie artificielle
est plutôt mûre dans un terrein chaud, il
ne faut pas attendre que la tige se raccor-
nisse avant que de la faucher : ce fourrage ne peut devenir dur, que parce que
le sol n'ayant pas assez de plantes, les tiges de celles qui s'y trouvent deviennent

plus fortes, & pour peu qu'on tarde à
en faire la récolte, elles deviennent encore plus dures que celles qui n'ont que
des tiges convenables, parce que les graines du sainfoin y ont été semées en quantité nécessaire, ou qu'il n'en est point
péri.

Quand même on ne défricheroit que
trois ou quatre années après que ces prairies auroient été semées, les terreins pour
les ensemencer en grains, ceux qui connoissent la culture, ne donneront qu'un
labour de quatre ou cinq pouces au plus
pendant l'hiver à ces sortes de sols, & y
sèmeront de l'avoine, dont ils auront
abondamment, parce que sa production
se plaît dans la friche. Cette première récolte faite, en faisant donner encore un
labour à ce même sol toujours en hiver,
il faut y semer de même au printemps de
l'avoine, on en aura encore une récolte
plus abondante. Après cette seconde récolte, on fait donner un labour à ce
même sol en août, un autre en septembre, que l'on peut foncer d'un demi ou
d'un pouce; un troisième labour, sans
foncer plus qu'au premier; au mois d'octobre on peut y semer du seigle, méteil,
bled ramé ou froment, suivant la nature
ou qualité des terreins, & enfin, après

H

cette troisième récolte , on peut encore faire donner avant l'hiver un labour à ces fols. S'ils font de bonne nature à être un peu plus foncés avec la charrue , on peut les foncer encore d'un ou deux pouces feulement ; mais jamais plus. On fera encore donner un labour pendant l'hiver , en le fonçant feulement à fix pouces , & le troifième au mois de mars de même ; alors on pourra l'enfemencer & y enterrer , toujours avec la herfe , du bled de mars , orge ou autres grains & graines. Si le tout eft bien fait , comme je le dis & le fais encore pratiquer dans les défrichemens , l'on aura toujours fans engrais , dans les plus mauvais terreins , trois bonnes récoltes , dans les terres médiocres quatre, dans les bonnes cinq , & dans celles qui font très-bonnes , au moins fix confécutives & fans engrais , & dans les terreins propres à être foncés deux ou trois pouces de plus, il n'y a jamais befoin d'engrais , les épis en feront plus grainés , & le grain aura plus de qualité ; mais ce ne fera point par des labours d'un pied de profondeur qu'on obtiendra les fréquentes récoltes qu'ils peuvent donner fans engrais , puifque ces profonds & fréquens labours ne font qu'ufer, détruire, & évaporer les fels & les fucs de la terre.

Ce n'eſt point en culbutant & en ren-
verſant la terre à force de quatre, ou ſix
bêtes de tirage, que l'on obtient d'un
ſol de bonnes & fréquentes récoltes de
grains.

Obſervations de M. Sarcey de Sutières ſur
les avantages qu'on peut tirer des terres
remuées par les taupes.

On ne peut que louer le zèle de ceux
qui indiquent les moyens de ſe délivrer
des taupes ; mais ne peut - on pas tirer
avantages des terres qu'elles rejettent en
dehors ? C'eſt ce que j'eſpère démontrer.
On ſe plaint qu'il en coûte à des fermiers beaucoup d'argent pour étendre
les terres que les *taupes ont amenées ſur*
les prairies ; j'ai appris par l'expérience
qu'il n'en coûte preſque rien pour cette
opération merveilleuſe de la nature ; je
dis de la nature, car il ſemble, & j'oſe
même le croire, que ces petits animaux
n'ont été créés que pour ramener la terre
neuve par-deſſus le ſol, afin de la renouveller & en fertiliſer les différentes productions. En effet, qui peut douter qu'une
terre neuve ne ſoit la plus ſaine & l'engrais le plus naturel aux prairies, puiſque tous les autres engrais plus ou moins

mal-ſains procurent toujours aux fourrages de mauvais goût qui ſont plus ou
moins nuiſibles à la nourriture des beſtiaux, ſelon que les engrais ou les ſols
des prairies ont été tenus plus ou moins
ſains. Voici en quoi conſiſte l'opération
pour bien étendre les terres ramenées par-
deſſus le ſol par les taupes ou autres inſectes; je dis ou autres inſectes, parce
qu'il y a dans certains ſols des vers qui
ramènent auſſi des petits pelotons de
terres; toutes les herſes attelées chacune
de chevaux ou autres animaux, & dont
les dents ſoient un peu fortes, mais
émouſſées & courtes, quoiqu'en bois,
peuvent ſervir à herſer tous les prés remplis de taupières. L'on peut charger ces
herſes plus ou moins, ſuivant que le ſol
en eſt plus ou moins meuble; par cette
opération, non-ſeulement on répand
très-bien toutes les terres que les taupes
ont ramenées, mais encore on l'amal-
game avec les engrais que les différens
beſtiaux y ont laiſſés en y pâturant; &
les dents de la herſe arrachent en même
temps la mouſſe.

Lorſqu'on veut que l'opération ſoit
encore meilleure, il faut la faire après
la neige, s'il en eſt tombé, & pendant
que le ſol en eſt couvert; ſi l'on veut

se servir d'une herse à dents de fer, il ne faut en faire usage qu'après l'avoir armée d'épines qu'on entrelace dans les dents & qu'on lie bien aux barres de la herse avec des harts ou des cordes; il faut que les dents de la herse de fer ne dépassent les épines que d'un pouce & demi ou deux au plus, sans quoi les dents entrant trop avant dans le sol le déchirent, en arrachent non-seulement la mousse, mais encore toute la bonne herbe. Ces dents entrant trop avant dans la terre & étant forcées, font faire à la herse des sauts & soubresauts qui contrarient l'opération : ce qui est cause qu'elle n'a pas réussi à quelques cultivateurs qui n'ont pas fait attention que les dents de leurs herses étoient trop longues, puisque pour herser les prairies avec une herse de fer sans épines, il faut que les dents n'aient pas plus de quatre pouces.

Je me contenterai d'observer, qu'en faisant l'opération avec la herse à dents de fer armée d'épines après les neiges, il n'est pas possible d'en faire une meilleure, puisque l'engrais qu'elle procure au sol, est beaucoup plus analogue & plus sain que tous les autres engrais, quelques bons qu'ils puissent être; il ne reste plus après cette opération que celle de passer la herfe à l'envers par-deffus le fol pour bien rechauffer la plante de l'herbe, & écrafer les petites mottes de terre ; mais cette dernière opération qui rabat, renverfe & étend la terre des nouvelles taupières qui peuvent s'être formées depuis le herfage, ne doit être faite que lorfque l'herbe a commencé à pouffer.

Si les cultivateurs veulent bien obferver les avantages qu'on peut tirer des terres que les taupes ramènent par-deffus le fol, ils fe garderont bien de les faire détruire dans leurs prairies, parce que ces mêmes taupes, lorfque le fol fera bien regarni d'herbe & fans aucunes lacunes, ne fouilleront pas pendant tout le temps que la fève travaillera, & que l'herbe pouffera. Toutes ces opérations paroiffent dans le détail bien minutieufes & volumineufes, & peut-être que quelques cultivateurs diront qu'elles font difpendieufes ; je leur répondrai fimplement qu'elles ne coûtent rien, puifqu'elles fe font & ne doivent fe faire que dans les temps où les chevaux ne peuvent ou n'ont point à labourer. Au refte, quatre à cinq chevaux dans le temps qu'on doit poutrer, herfer les prés, avoines ou bleds qui en ont befoin, dans une journée en peuvent faire quinze à dix-huit arpens ;

en un mot, cette opération comme celle des labours étant néceſſaire, ne peut & ne doit coûter aux fermiers que les ſoins de la faire faire en temps & ſaiſons. Enfin je le dis, & je le répéterai toujours, que les prairies les plus mauvaiſes, les plus mal-ſaines, lorſqu'elles ſeront ainſi tenues, & que celles où les eaux croupies font faire des mauvaiſes productions, feront bien deſſéchées par des ſang-ſues ou foſ-ſés proportionnés au volume d'eau, & que les terres qui en ſortiront ſeront bien répandues ſur les différens ſols, toutes ces prairies feront des productions abon-dantes & ſaines, & alors il en réſultera des grands biens, tant pour la ſanté des hommes qui ſeront toujours dans le cas de n'avoir à manger que des viandes ſai-nes & bienfaiſantes pour leur ſanté, que pour les beſtiaux qui ſe trouveront exempts des maladies, dont ils font trop ſouvent attaqués. Ce qui ne provient or-dinairement que des mauvais alimens, ſoit en pâturages, ſoit en ſec, dont ils font nourris (1).

____

(1) Si l'on fait la même opération dans les prairies qui ſervent de communes, les pâtu-rages en feront auſſi ſains & auſſi abondans; la communauté tirera de ces ſortes de ſols plus de produit que s'ils étoient partagés.

H 4

CHAPITRE X.

Détail de ce qu'il faut pour monter une ferme d'une charrue, & produit net de cette même ferme.

1°. **C**OMBIEN *de chevaux pour l'entretien d'une charrue ?*

Il en faut trois plus ou moins forts relativement aux différentes natures de terres à faire labourer.

2°. *Combien d'arpens à cultiver ?*

Avec trois chevaux la charrue doit être composée de 120 arpens ; savoir, 40 arpens à cultiver pour enfemencer les bleds, 40 arpens pour enfemencer en avoine ou autres grains de mars, & 40 arpens en jachères.

3°. *Quelle eſt la quantité de fumiers relativement au ſol le moins gras ?*

Comme les terres chaudes font ordinairement celles qui en confomment le plus, & que par leur nature elles font les moins graffes, il en faut, par arpent, au moins fix voitures tirées par les trois chevaux indiqués ci-deſſus. Le fumier le plus convenable pour les terres chaudes doit être celui de vache ; dans les terres moins chaudes & dans les terres moins latteuſes, à blanc limon, franches & autres de bonne nature, cinq voitures de fumier par arpent ſuffiſent, en obſervant toujours de mettre les fumiers les plus chauds dans les terres les plus humides, & en y appliquant le parc ſur toutes les natures de terres dans les temps & ſaiſons convenables, comme il a été dit dans le premier chapitre de cet ouvrage. Il faut obſerver que les crottins & raclures de bergeries, les fientes de pigeons, de poules, & raclures de baſſe-cour, ne doivent jamais être appliquées que ſur des terres froides, latteuſes, à blanc limon, argilleuſes & autres de nature froide. Ces ſortes d'engrais ne doivent point être répandus ſur le ſol ; lorſqu'on a donné le quatrième labour à ces natures de terre pour les enſemencer en bled, on doit faire ſemer ces engrais ſur la terre avant ou après y avoir ſemé le bled, après quoi on enterre l'un & l'autre avec la herſe : ce qui fait que cet engrais, la ſemence & la terre ne font qu'un même corps.

4°. *Combien de façons ?*

Avec les trois chevaux pour une charrue, chaque arpent, deſtiné à être enſemencé en bled, doit être labouré dans le

H 5

courant de l'année de quatre bons labours égaux dans les temps & saisons, comme il a déjà été dit, & les terres à ensemencer pour les mars doivent recevoir également deux bons labours & dans les saisons indiquées plus haut.

5°. *Combien de temps pour chaque façon ?*

Dans l'hiver, avec les trois chevaux pour une charrue, on peut labourer trois quartiers de terre, parce que dans cette saison, les jours étant très-courts, on ne peut faire qu'une attelée, c'est-à-dire, que les chevaux ne vont qu'une seule fois le jour à la charrue. Aussi-tôt qu'on commence à pouvoir labourer pour semer les grains de mars, alors les chevaux sont conduits à la charrue dès la pointe du jour, & ils ne reviennent qu'à onze heures pour dîner; ils repartent pour la charrue à une heure, & ne doivent revenir dans cette saison qu'à la nuit tombante : chaque charrue doit alors labourer un arpent & un quartier de terre. Il m'est arrivé très-souvent, dit M. de Sutières, que dans le mois de mars quatre charrues m'ont labouré six arpens de terre; mais il faut observer que ces mêmes terres avoient été labourées d'hiver : ce qui rend la terre plus meuble & bien plus facile à retourner qu'une autre terre dont on attend le mois de mars pour labourer & semer tout de suite. Cette terre ne peut être ameublie, au contraire elle est lourde & pesante par les eaux qui y ont séjourné tout l'hiver. Il y a encore une autre raison qui la rend lourde & pesante ; c'est que dans cette saison, pour peu qu'il survienne des chaleurs, la terre entrant en sève, la charrue ne la retourne qu'avec peine. Tous les fermiers du Gâtinois, d'une partie de la petite Brie, & d'autres provinces qui ne labourent point leurs terres l'hiver, ont beaucoup de peine avec une charrue de labourer un arpent de terre ; encore est-il très-souvent mal labouré, & les chevaux de ces fermiers sont très-fatigués.

6°. *Quelles sont les précautions qu'on doit mettre en usage pour la conservation du grain depuis la semaille jusqu'à la récolte.*

Quoiqu'on ait déjà indiqué ci-dessus les moyens les plus sûrs pour mettre une récolte à l'abri de toutes les rigueurs des saisons, il ne sera peut-être pas inutile de les rappeler ici en général.

La première opération avant les semailles est sans contredit de faire quatre bons labours égaux en temps & saisons convenables, après y avoir appliqué les engrais nécessaires à chaque nature de terres. Tout le monde conviendra qu'une

H 6

terre humide, ou moulière par sa nature,
à laquelle on a appliqué une quantité suffisante de marne, & à laquelle on aura
donné les fumiers convenables & nécessaires, & qui auront été bien mêlés avec
le sol par les quatre labours, ne pourra
plus garder ses eaux, & qu'elles doivent
filtrer facilement au travers comme dans
une éponge, parce que les deux engrais, &
particulièrement la marne, dessèchent les
terreins les plus humides, sur-tout s'ils
sont bien ameublis par quatre bons labours égaux.

On peut être assuré qu'un champ de bled
ainsi cultivé ne sera jamais dans le cas de
craindre de perdre sa récolte, soit par les
gelées, soit par les pluies d'hiver, puisque
l'eau ne peut y séjourner, sur-tout si l'on a
labouré son champ en planches plus ou
moins bombées, plus ou moins larges, suivant que le terrein est plus ou moins humide. Il est démontré qu'un terrein labouré en demi cercle ne peut conserver
l'eau, sur-tout lorsque ce terrein a été
hersé en enterrant la semence : ce qui doit
le rendre uni à ne pouvoir garder que les
eaux dont le sol a besoin, & qui lui sont
nécessaires pour la production de la plante
du bled. Le superflu s'égoutte dans chaque
raie qui termine la planche ; si le terrein

est composé de terres latteuses, froides &
humides, ou d'autres terres dont le fond
se trouve être glaiseux, glutineux ou
casse, ou d'autres terres argilleuses, on
autres natures, où les eaux puissent séjourner, il faut, avec les planches bien
bombées & un peu étroites, y pratiquer
des sang-sues qui traversent le sol, de façon que chaque raie, dans laquelle tombe
l'eau de la planche, puisse se rendre dans
la sang-sue, à laquelle on donne la pente
du côté où l'on veut, & où il est nécessaire de faire écouler les eaux.

Comme bien des gens pourroient ne
pas savoir ce que c'est que l'*aréte* de
chaque planche, je dirai que ce qui forme
cette *aréte*, est la terre que la charrue
ramène du récurage de la raie, & qui
termine chaque planche. La herse en per-
fectionnant la planche ne ramène de terre
que ce qu'il faut pour recouvrir la semence qui se trouve dans la raie, &
pour rendre moins sensible cette même
raie, qui souvent par la faute de celui
qui conduit la charrue, est en mauvais
état; mais on répare ce défaut en hersant régulièrement. Cette réparation est
d'autant plus nécessaire, que si ce récurage de raie n'est rabattu par la herse, il
retient trop d'eau lorsqu'elle arrive sur

la seconde & la troisième raie de la planche, de sorte que dans un hiver humide la racine du bled dans cet endroit
de la planche peut être coupée par la
glace, s'il survient de la gelée ; s'il n'y
en a pas, le bled pourrit par trop d'humidité, & la mauvaise herbe le remplace ;
en un mot, la plante du bled ne craint
que le trop d'eau. Il est donc essentiel
de chercher tous les moyens d'empêcher
son séjour dans les terres, sur-tout dans
celles qui sont ensemencées en bled.

Tous les moyens indiqués ci-dessus ne
sont pas encore suffisans pour garanti-
les grains des maladies dont ils sont souvent attaqués, & plus particulièrement
dans les terreins humides. Il faut de toute
nécessité avoir recours au chaulage,
dont les avantages réels ont été démon-
trés dans le quatrième chapitre. Il n'en
est pas de même de toutes les lotions
imaginées depuis quelque temps. La Gazette d'Agriculture, numéro 74 de cette
année 1770, vient d'annoncer un secret
pour suppléer aux fumiers & engrais de
toute espèce. *C'est*, dit l'auteur de cette
invention, *une terre végétative, imprégnée de substances salines de la mer, préparées de manière à servir de véhicule à toutes
les semences & plantes en général.*

Pour s'en servir, il faut faire détremper cette terre dans l'eau tiède, afin de la mettre en bouillie. On y jette alors la semence qu'on laisse au moins tremper pendant 24 heures, afin qu'elle puisse absorber toute l'humidité. Il faut ensuite attendre que le tout soit un peu sec. Le poids de la terre qu'on emploie, doit être égal à celui du grain. En conséquence des vertus merveilleuses de cette terre, il ne faut que quatre boisseaux par arpent, & n'employer aucune autre espèce d'engrais. La livre de cette drogue se vend 4 sous. Le gazetier ne dit pas où elle se vend, & il renvoie aux autres papiers publics.

Il y a bien de réflexions à faire sur une pareille annonce.

1°. L'auteur ne cite aucun endroit où il ait opéré de si grandes merveilles, & moi j'ai rendu publiques les différentes lettres que j'ai reçues au sujet de la bonté de ma culture, & des bons effets de mon chaulage.

2°. L'auteur fait un secret de sa composition, & l'on sait qu'il faut toujours être sur ses gardes avec les *secrétistes*. Un véritable médecin donne par écrit les drogues qu'il nous conseille de prendre. Un charlatan au contraire nous présente

une phiole ou une poudre dont il se
donne bien de garde d'annoncer la compofition. J'ai publié ouvertement mon
chaulage, que tout le monde peut faire
fans peine.

3°. J'ai dit que mon chaulage qui ménage l'engrais & le femence, n'étoit pas
fuffifant fans les bons labours, &c. L'auteur de la terre végétative, en ne parlant pas de ces préparations aux femences, fembleroit vouloir prétendre que fa
terre végétative remédie à tous les défauts d'une bonne culture.

4°. Il faut obferver que chaque nature
de terre exige un engrais propre à fa
qualité, comme il a été dit plus haut.
Ceci eft de l'aveu de tous les bons agriculteurs, & notre auteur ne nous indi-
quera qu'une efpèce d'engrais pour toutes fortes de nature de terre ?

5°. Tous les bons cultivateurs qui font
phyficiens, favent que le fel ne doit jamais être mis dans un terrein maigre,
puifqu'il en abforberoit le peu de graiffe
qui pourroit s'y trouver. Ainfi mettez
votre femence ainfi imprégnée de votre
terre végétative dans une terre maigre,
& où il n'y aura point eu d'engrais, fuivant le principe de notre anonyme,
vous verrez quelle production vous au-

rez, ou les principes de la physique sont faux.

Il faut, dit le même anonyme, que la semence abforbe toute l'humidité. Je l'envoie pour cette obfervation à ce qu'on a lu ci-devant fur toutes les efpèces de lotions, par M. Wallerius.

6°. L'anonyme ne promet pas que fa terre végétative garantiffe les grains des maladies auxquelles ils font fujets, & j'ai fait voir à tous ceux qui m'ont fait l'honneur de me vifiter, que mes bleds & autres grains n'avoient jamais été *ergotés*, niellés, charbonnés, &c. Il y auroit encore des calculs à faire fur la dépenfe qui en premier coup-d'œil paroît modique ; mais qu'on trouveroit de conféquence en l'examinant avec attention ! Je laiffe ce calcul à faire à ceux qui voudroient employer cette *terre végétative*. J'ajouterai qu'on a fous la main & dans toutes les fermes les ingrédiens qui compofent mon chaulage, au lieu qu'il faudra faire venir fouvent de très-loin cette terre miraculeufe.

J'ai cru ces obfervations néceffaires pour mettre le cultivateur en garde contre les prétendus fecrets qu'on lui vante beaucoup. Il effaie, il voit qu'il eft trompé, il fe rebute, & refufe enfuite

d'adopter les bons principes qu'on voudroit lui donner, parce qu'il craint encore d'en être la dupe. En général tout
ce qui s'écarte des loix de la nature, ne
peut être bon.

Je reviens à toutes les précautions qu'il
faut prendre pour se procurer de bonnes
& saines récoltes.

Il y a des cultivateurs qui négligent de
faire enlever les pierres d'une certaine
grosseur du champ qu'ils veulent ensemencer; ils ne font sans doute pas réflexion
aux inconvéniens qui peuvent en résulter.
Je vais donc en rapporter quelques-uns.

S'il arrive qu'une pierre soit assez grosse
pour se prendre dans les dents de la herse,
elle entraîne alors la semence, & forme
sur les planches bombées des raies, où
l'eau des pluies pourra séjourner. Cette
humidité donnera naissance à de mauvaises herbes qui incommoderont les bleds.

Si la pierre n'est pas entraînée par la
herse, il est à craindre qu'elle ne couvre
plusieurs grains de bleds qui seront entièrement perdus. Que le nombre de pareilles pierres se trouve un peu considérable,
on trouvera un grand déchet dans la récolte. Les petites pertes multipliées font
en somme un grand effet. Ajoutez que les
grandes ardeurs du soleil échauffent tel-

lement ces pierres, que souvent elles brûlent les plantes du bled qui les environ-
nent ; ce qui arrive sur - tout dans les
terres chaudes. Il sera donc beaucoup plus
prudent de faire enlever toutes ces pierres
qui ne peuvent que nuire à la récolte.
Une terre bien ameublie par les labours
& les engrais n'a pas besoin de pierres
pour l'empêcher de se durcir.

Il arrive quelquefois qu'après un vio-
lent orage un champ de bled qui est au
pied d'une colline, se trouve couvert de
terre que les torrens y ont amenée. On
pourroit se mettre à l'abri de ce fâcheux
accident en faisant faire au bas de la pente
des fossés proportionnés aux eaux qui
peuvent tomber des hauteurs. En supposant que les eaux fussent assez abondantes
pour refluer par-dessus les fossés, leur ra-
pidité étant interrompue, elles ne cause-
roient pas les mêmes ravages qu'elles font
lorsque rien ne les arrête. D'ailleurs,
les pierres & les terres que ces torrens
amènent s'arrêteroient, du moins en
grande partie, dans les fossés. D'un autre
côté, quels avantages ne retireroit-on pas
de ces fossés ? J'en ai parlé ailleurs, &
j'ai fait voir qu'ils procurent plus de profit qu'ils ne causent de dépense.

Si les cultivateurs pratiquoient exactement tout qui a été dit ci-deſſus, ils ne ſeroient pas dans le cas de faire arracher une quantité de mauvaiſes plantes qui croiſſent en abondance dans leurs bleds. Cette opération, qui devient néceſſaire, cauſe cependant un grand dommage; car les femmes & les enfans, en arrachant ces herbes, ne peuvent s'empêcher de briſer un grand nombre d'épis, ſoit pour ſe procurer un paſſage, ſoit en faiſant de gros tas des plantes arrachées. On ne veut pas s'appercevoir de toutes ces petites pertes, & elles ſont cependant de conſéquence. Je blâme auſſi ceux qui pratiquent un chemin au travers des bleds pour aller d'une pièce à une autre. Ils perdent une partie de leurs ſemences, & de la récolte dont ils pouvoient profiter.

7°. Frais à faire pour monter une ferme d'une charrue, c'eſt-à-dire, ce que peut faire valoir de terre un fermier avec deux chevaux.

Suppoſons ici que cette charrue ſoit compoſée d'environ cent arpens (1) de terres labourables, dont environ trente-trois arpens doivent être enſemencés en bleds d'hiver, trente-trois autres ou en-

---

(1) L'arpent de cent perches, & la perche de vingt-deux pieds, le pied de douze pouces.

viron de différens grains de mars, &
trente-trois autres qui doivent rester en
jachères, c'est-à-dire, se reposer pendant
l'année qu'on doit les fumer & leur donner quatre labours.

Il faut donc pour monter une telle
ferme deux bons chevaux, qui, tout har-
nachés, doivent coûter l'un dans l'autre
450 livres...................................... 900 l.
Un troupeau de 120 bêtes à
laine... 960
Six vaches ou genisses à 70 l.   420
Pour volailles & cochons......   100
Pour une charrue & deux
herses...   60
Pour une charrette.................   120
Pour un crible, fourche, pel-
les, vans à vaner, deux rateaux
& une mesure....................................   120
Pour grains à ensemencer en
hiver & en mars..............................   620

Total.. 3300 l.

Intérêts des avances ci-dessus que le
fermier est obligé de faire à dix pour
cent..   330 l.
Pour le montant de son bail
à 6 l. l'arpent...............................   600

930

De l'autre part...................   930 l.

Pour sa taille, uftenfile, &c.   150

Pour les gages d'un charretier.   100

Pour le berger, *idem*...........   100

Pour la dépenfe du puits d'une ferme montée comme deffus.....   200

Pour la nourriture des gens de la ferme.......................   520

Pour la nourriture des deux chevaux, volailles, cochons, &c. &c.........................   250

Pour la nourriture des moutons et vaches.................   240

Pour le maréchal, bourrelier, charron, cordier, par année.   100

Pour bois du chauffage.........   100

Pour les frais de la moiffon...   360

Total......................   3050 l.

On voit aifément par le détail qui vient d'être fait des frais pour les avances, & de ceux pour faire valoir une ferme d'une charrue, qu'on n'a pas ménagé la dépenfe, puifqu'un fermier ou laboureur qui n'a qu'une charrue, la conduit ordinairement lui-même ; ainfi il gagne les gages & la nourriture d'un charretier, &c. &c.

Pour apprécier au jufte le produit de la récolte d'une charrue année commune,

& dont les terres font affermées 6 livres l'arpent, on ne portera la production qu'à fix feptiers l'arpent, & on n'évaluera qu'au prix de 15 livres le feptier l'un dans l'autre, parce que des terres de 6 livres l'arpent de loyer doivent être de toutes fortes d'efpèces & qualités; ou fi elles font d'une même qualité, elles ne peuvent être que médiocres; ainfi en les eftimant ainfi, on ne les confidère que comme s'il y en avoit un tiers de communes, un tiers de médiocres & un tiers de bonnes. Trente-trois arpens de bled qui ont produit fix feptiers, les uns dans les autres, forment donc un capital de 198 feptiers en feigle, en différens méteils, & en froment à 15 l. le feptier...... 2970 l.

Trente-trois arpens des grains de mars qui doivent avoir produit l'un dans l'autre au moins quatre feptiers de grains par arpent, forment un produit de 132 feptiers, à 12 liv. le feptier. 1584

Total...................... 4554 l.

Sur quoi il convient déduire les trois mille cinquante livres de dépenfe ci-derrière................. 3050 l.

Produit net ou en bénéfice pour le fermier........................ 1504 l.

On doit obferver qu'on laiffe encore au fermier ou laboureur le bénéfice de fa baffe-cour ; ce qui peut bien équivaloir au chapitre des accidens : & s'il cultive fuivant les principes ci-deffus énoncés, il n'aura à craindre que la grêle.

L'évaluation & appréciation d'une ferme de cette valeur, peut s'appliquer à toutes les fermes & terres du Royaume, parce qu'elles doivent toutes être affermées ou appréciées fuivant la nature & qualité du terrein, & fuivant que le fermier ou le laboureur eft à portée de vendre plus ou moins bien fes denrées. Si les terres coûtent plus de fermage, elles font par conféquent de meilleure qualité, & elles produifent plus ou moins de froment, qui eft plus cher que le feigle & le méteil ; fi la qualité de la terre eft meilleure, au lieu de 6 feptiers de grains qu'elle produiroit, on en retirera 8, 10 & même 12 par arpent (1).

---

(1) M. de Sutières a effectivement retiré cette année 1770, douze feptiers par arpent au château d'Annel près de Compiègne, malgré toutes les intempéries des faifons, & fon bled étoit entièrement ferré avant le 20 d'août. Tous ceux qui ont été voir fa récolte, ont été furpris de l'abondance & de la qualité du grain, & de la force

En

En supposant la charrue de 120 arpens de terre à faire valoir, il n'y auroit qu'à ajouter pour l'achat d'un cheval de plus & une trentaine de moutons; ce qui formeroit un montant de 850 liv. dont le fermier doit être en avance, y compris la semence. Ce qui lui fera un intérêt de 85 livres. La nourriture du cheval & des 30 moutons sera un objet d'environ 350 liv. de dépenses. Sur ces 20 arpens de plus, il y aura pour se payer de ces 350 liv. 7 arpens ou environ en bled d'hiver & 7 arpens de mars de plus à récolter, qui produiront un objet de 882 l. sur lesquelles il faut diminuer les 350

532 liv.

produit net qui reviendra de plus en pur bénéfice au fermier qui auroit 120 arpens pour une charrue, au lieu de 100 arpens, parce qu'il n'auroit pas plus de domestiques à nourrir & à payer pour 120 arpens à faire valoir que pour 100.

Il paroît bien démontré qu'un fermier

des pailles & des chaumes. On en a fait la comparaison avec la récolte de ses voisins qui étoit bien inférieure en tout.

I

ou laboureur qui a une charrue composée de 100 arpens, peut avoir en bénéfice, toute dépense prélevée, 1500 l.
& que celui qui auroit 120 arpens, 2000 l.
il faut encore faire attention qu'il n'a
toute cette dépense à faire que dans la
première année de son bail, car, lorsqu'il
a une fois récolté, il trouve dans ses récoltes de quoi nourrir ses moutons, ses
vaches & ses chevaux.

L'estimation qui vient d'être faite peut
s'appliquer à toutes les natures de terres
& à toutes les fermes du royaume. M. de
Sutières a fait valoir des terres à Ville-
Parisis qui étoient & qui sont encore toutes affermées sur le pied de 12 liv. l'arpent l'une dans l'autre ; mais ces terres
lui produisoient au moins les unes dans
les autres 54 à 55 bichets de froment &
une certaine quantité de seigle, afin d'a-
voir de la paille pour faire des liens ; il
avoit affermé dans ce même temps à 16 l.
l'arpent les terres de la ferme de Gressy
auprès de Claye, même route de Ville-
Parisis, mais on en retiroit au moins 65
à 66 bichets de froment l'une dans l'autre ; ce qui fait environ 11 septiers de
Paris. Il y a des terres franches de bonnes
natures dont les fermages sont depuis
24 liv. 30 jusqu'à 35 liv. l'arpent ; mais

elles fourniffent 12 feptiers de bled ou un muid : on en a vu plufieurs fois qui ont donné jufqu'à 15 feptiers de bled. M. de Sutières en a eu dans fa récolte de 1760, environ 8 à 10 arpens qui lui ont produit 12 bichets de bled par arpent : ce qui forme un muid ou 12 feptiers de Paris. Les fermiers qui n'ont que de ces bonnes natures de terres à faire valoir, font plus heureux en payant 30 liv. de fermage de l'arpent, que ceux qui ont toutes fortes de natures de terres ; quoiqu'elles coûtent beaucoup moins de fermage, les frais de labours & d'engrais en font très-fouvent plus difpendieux, parce que parmi toutes ces natures de terres, il s'en trouve de très-difficiles à labourer, & qui occafionnent de grandes dépenfes en fumiers ou autres engrais, dont elles ont plus befoin que les bonnes. Ainfi tout eft relatif. Une bonne terre coûte beaucoup plus qu'une médiocre ; mais elle produit beaucoup plus. Une médiocre coûte beaucoup moins, mais elle occafionne plus de dépenfe, & fon rapport n'eft pas fi confidérable.

En un mot, les fermages font ou doivent être portés à leur valeur, tant par rapport à la qualité du terrein, que par rapport à l'éloignement ou proximité pour les confommations, parce que dans ce

dernier cas les frais de tranſport ſont toujours plus conſidérables. Si une ferme de
100 arpens n'a que des terres médiocres
& bonnes ſans aucunes mauvaiſes, elle
doit être affermée 900 livres, parce que
chaque arpent en bled ou grain de mars
doit produire 7 ſeptiers de grains, des
pailles & des fourrages à proportion ; ſi
une ferme de 100 arpens eſt louée 1200 l.
c'eſt que les terres ſont meilleures, &
conféquemment elles doivent produire
8 ſeptiers de bled, froment & méteil par
arpent, & les grains de mars à proportion.
Si cette même ferme eſt de 1600 liv. c'eſt
que toutes les terres en ſont bonnes &
propres au froment & bled ramé, & chaque arpent doit donner 9 ſeptiers au
moins par arpent ; celle qui ſeroit louée
1800 liv. c'eſt que les terres en ſeroient
encore meilleures & toutes propres au
froment : elles peuvent donner juſqu'à 10
ou 12 ſeptiers par arpent, comme on l'a
dit plus haut.

Comme il y a beaucoup de fermes dans
pluſieurs provinces dont les terreins ſont
inférieurs en qualité à ceux dont on vient
de faire l'eſtimation, elles ne ſont & ne
doivent être louées qu'à proportion de
leur qualité ; ainſi un terrein qui ne ſeroit propre qu'aux productions de méteil

& feigle, ne doit être affermé que 300 l.
les 100 arpens, parce que ces terreins ne
donneront qu'environ 5 feptiers, & les
bleds étant plus maigres, ils fe vendront
moins que le froment. Une ferme dont
le terrein ne feroit propre qu'au feigle,
les 100 arpens peuvent être affermés
150 liv. parce qu'ils ne procureront, les
uns dans les autres, que quatre feptiers de
grains, & les mars à proportion. Il eft bon
d'obferver que pour faire labourer toutes ces terres il ne faut pas de chevaux
fi forts ni fi chers, ni de chevaux auffi
forts que pour les autres terres ; tout doit
être à proportion pour la force, car une
herfe doit être plus lourde & plus grande
pour des terres fortes que pour des terres
légères.

Obfervez que tous le produits ci-
deffus énoncés, ainfi que les dépenfes,
dépendent de la manière de cultiver.
Si la culture eft mauvaife, la récolte le
fera auffi, fur-tout dans une année pleine
d'intempéries ; les bleds feront épouffés
ou verfés à plat, ou niellés, bruinés,
charbonnés, les pailles feront foibles, &c.
Si l'on fuit la mauvaife méthode de mettre beaucoup de fumier, on dépenfera
beaucoup, & l'on ne retirera pas fes
avances. Le cultivateur ainfi maltraité

publiera que les calculs qu'on vient de donner font faux, & il ne voudra pas avouer que c'eft fa mauvaife culture qui les rend tels. Qu'il fuive celle de M. de Sutières , & il verra qu'ils font juftes. M. de Sutières a fait & fait encore valoir toutes fortes de natures de terres, & depuis vingt-cinq ans il a pu aifément calculer le produit de chacune de ces terres. En faifant ufage de fes principes , on ménage l'engrais , la femence & les chevaux du labourage. Ainfi il a évalué les dépenfes fur celles qu'il a faites , & les produits fur ceux qu'il retire. Tous ceux qui ont adopté fa méthode , fe trouvent dans le même état que lui.

Après avoir démontré ce que doit produire à un fermier , laboureur ou cultivateur une ferme de 100 arpens de terre en quelque endroit du royaume qu'elle fe trouve placée , on pourra dire que ces calculs avantageux font bons à faire dans le pays où les différentes denrées & grains qui en proviennent peuvent avoir un débouché pour la confommation & le débit. On peut répondre à cette objection que , quand même une ferme fe trouveroit à trente & quarante lieues éloignée de toutes les reffources néceffaires pour pouvoir vendre fourrages ,

grains, &c. il eft un moyen de s'en procurer le débit en faifant des élèves de
moutons, de brebis, de veaux, de geniffes, de cochons, de dindons, de poulains, &c. &c. Tout le monde fait qu'on
ne peut faire ces fortes d'élèves qu'avec
des différens grains, fourrages & pâturages qui leur font analogues. Alors l'unique occupation du cultivateur doit être
de monter fa culture & fon exploitation
en conféquence, & il peut dans ce cas
pratiquer quelques prairies artificielles,
analogues aux différens fols, fi le climat
ne leur eft pas contraire, ou fi les terres
ne font pas froides, humides & fujettes
aux mauvais brouillards.

Il éleveroit des moutons qui lui four-
niroient des engrais, & qu'il vendroit
aux bouchers. Malgré les bons pâturages
qu'il pourroit leur donner, il feroit encore à propos de leur préfenter des gerbes des bleds qui ne feroient qu'émou-
chées avec le fléau, c'eft-à-dire, qu'on
battroit fans délier les gerbes de bled. Par
cette opération, vous n'avez que le
meilleur grain pour la nourriture des
hommes & pour la femence, & il en
refte affez dans les gerbes pour procurer
aux moutons une chair & une graiffe
bien meilleure & plus faine, & qui a

beaucoup plus de goût pour la nourriture des hommes que toutes les viandes des mêmes animaux engraiffés feulement avec de l'herbe (1) : cette façon de nourrir & engraiffer les moutons doit être obfervée pour tous les autres beftiaux. Elle eft même la plus naturelle pour nourrir les brebis lorfqu'elles font pleines ; leurs agneaux en font plus forts & vigoureux. Cela n'empêche pas de donner à ces mêmes brebis des fourrages de vefces, lentilles, bizailles, &c. mais il faut toujours fecouer ces fortes de fourrages avec une fourche avant que de les leur donner, parce qu'en reffuant dans la grange ou en meule, il s'attache à ces fourrages une pouffière qui, peu à peu, brûle ou deffèche les brebis, agneaux ou moutons à qui on les donne. D'ailleurs ces fortes de fourrages font quelquefois fi garnis de grains ou graines, qu'il feroit dangereux que ces animaux en mangeaffent trop. Au furplus, en les fecouant, les grains & les graines qu'on en retire, fervent à enfemencer d'autres champs, & fervent à nourrir les pigeons pendant l'hiver & les autres volailles

---

(1) Les moutons ainfi nourris ne font point fujets au claveau, à la pourriture, ni à l'hydropifie.

d'une basse-cour. Enfin, quand les agneaux commencent à manger, on peut & l'on doit, soit pour les renforcer, soit pour les faire profiter plus promptement, leur donner de l'avoine en frange, outre les différentes nourritures qui sont pour les mères.

Tous ces alimens contribuent encore à rendre leur laine & plus fine & plus parfaite, parce que ces animaux se trouvent bien *enfourragés*, sur-tout pendant l'hiver, la litière ne leur manque jamais, de façon que leurs crottins & leurs urines sur-tout, ne peuvent nuire à leurs chairs ni à leurs laines.

Je n'examinerai point ici si les expériences qu'on a faites sur les moutons qui parquent toute l'année, sont justes. M. de Sutières n'est pas de cet avis, ne s'étant pas bien trouvé de l'essai qu'il avoit fait. Il pense que le parc d'hiver doit nuire à la santé des moutons, & même à la perfection de leur laine, puisqu'il faut nécessairement pendant un certain temps une chaleur douce pour la faire profiter & perfectionner. Ceux qui font le commerce des laines, en voyant & en examinant leurs toisons, ne sont pas long-temps à s'appercevoir comment le troupeau a été conduit, nourri

& tenu sainement ; au surplus, pourquoi risquer aux injures des temps & aux intempéries de l'hiver des animaux qui profitent beaucoup mieux dans des bergeries ou à couvert sous des hangars (1),

---

(1) Je pense que des moutons continuellement exposés aux pluies, aux neiges & aux autres frimas, doivent être sujets à beaucoup de maladies qui leur sont occasionnées par l'humidité, toujours funeste à ces animaux. On nous citera l'exemple des Anglais. Je réponds à cela qu'il est certain que leurs moutons sont attaqués de différentes maladies, puisque Guillaume Ellis, le plus célèbre berger de l'Angleterre, a composé un livre, où il donne des recettes pour ces maladies. J'en ai publié quelques-unes dans les Gazettes d'agriculture. J'ai donné dans ces mêmes Gazettes la traduction d'un papier anglais, où il était dit qu'un berger n'avoit trouvé d'autres moyens de sauver quelques-uns de ses moutons pénétrés de froid, qu'en leur faisant avaler du *rum*. Il peut y avoir des espèces assez fortes pour résister à toutes les intempéries. Il est certain que les premières bêtes à laine étoient sauvages ; mais on sait que tout animal sauvage est plus robuste que celui qui est domestique : il n'est donc point étonnant qu'il ne soit pas si sensible aux rigueurs de l'hiver.

Si je parois ne pas approuver le parc pendant toute l'année, je ne suis pas pour cela de l'avis de ceux qui étouffent les moutons dans une bergerie basse, étroite & souvent humide. C'est une autre extrémité qui leur est funeste, & qui gâte leur laine. On fait sortir ces animaux, qui sont tout

où ils font tenus plus fainement. Ils y
font dans cette faifon des fumiers beaucoup meilleurs & plus analogues aux
différentes natures de terres, par le mélange qu'on en peut faire avec les fumiers de chevaux, de vaches, &c. que
ne peut être un parc en hiver, qui d'ailleurs pourroit ne pas convenir au terrein.

Je ne parlerai point de la manière
d'élever les veaux, les geniffes, les cochons, les dindons, les poules, &c.
Tous les cultivateurs favent très-bien
qu'il faut différens grains, fourrages &
pâturages pour faire ces mêmes élèves. Il
me fuffira de faire obferver que ces mê-

---

en fueur, par un froid très-piquant, & la tranf-
piration fe trouve interceptée malgré l'épaiffeur
de la laine. Perfonne n'ignore les maux que cet
accident caufe aux hommes comme aux animaux.
Je penferois donc que les bergeries devroient être
grandes, élevées, percées de plufieurs fenêtres,
afin de donner de l'air ; que la propreté y fût bien
entretenue, que la litière fût changée très-fouvent, &c. par ce moyen & par la nourriture
faine qu'on donneroit aux moutons, on les con-
ferveroit toujours en bonne fanté. On peut effayer
de les faire hiverner fous de grands hangars à
l'abri du nord. On peut confulter fur cet article
l'ouvrage de M. Daubanton, & une Inftruction
fur les bêtes à laines, par M. Flandrin.

I 6

mes animaux, lorſqu'ils ſont élevés, peuvent ſe tranſporter eux-mêmes par tout le royaume, & preſque ſans frais, puiſqu'il ſuffit d'avoir un ou deux chiens & un berger pour conduire un troupeau de moutons, brebis, vaches, bœufs ou cochons à 25, 30, 40 & même 50 lieues. Ceci n'a pas beſoin de preuves.

Il n'y a donc point de fermes dans le royaume, dont les différentes récoltes de grains & fourrages ne puiſſent être employées très-utilement & au profit du fermier, laboureur, & cultivateur, ſur-tout lorſqu'ils voudront diriger & régler leur culture, ſuivant que leur ferme ſeroit ſituée, afin de pouvoir ſe procurer la conſommation des denrées que leur procureront les terreins qu'ils ont à faire valoir. Si tous les cultivateurs des provinces éloignées s'occupoient auſſi utilement, outre les grands avantages qu'ils en retireroient, ils feroient encore un grand bien à l'Etat. Les viandes de ces élèves, leurs laines, leurs peaux, les beurres, les fromages, les œufs & les plumes des volailles, les volailles mêmes, &c. ne formeroient-ils pas un commerce qui pourroit s'étendre juſques chez les étrangers ?

CHAPITRE XI.

Des maladies des beſtiaux. Cauſes des épizooties & contagions.

LES beſtiaux étant la baſe & les principaux inſtrumens de l'agriculture, il eſt à propos de fixer l'attention du cultivateur ſur cet objet intéreſſant, & de s'occuper de leur conſervation.

Il ne faut pas chercher bien loin la cauſe des maladies contagieuſes, qui font depuis pluſieurs années tant de ravages parmi les beſtiaux. Elles ne proviennent certainement que des mauvaiſes pâtures, des prairies artificielles, faites dans des terreins humides (1), &c. dans leſquelles on les conduit, ſans examiner auparavant s'il n'y a aucune rouille ſur la luzerne, le ſainfoin, le trèfle & ſur les autres herbages. Cette ſorte de rouille eſt toujours produite, ſoit par de mauvaiſes

____

(1) Voyez les recherches ſur les cauſes des maladies charbonneuſes dans les animaux, par Gilbert, artiſte vétérinaire.

vapeurs & exhalaisons de la terre , soit par les vents mal-sains que les paysans nomment *roux-vents* , soit par les brouillards & l'air infecté qui passent sur certaines contrées. Il n'arrive que trop souvent que les vaches qui sortent de ces pâturages , se trouvent comme empoisonnées de cette rouille. Les unes enflent bientôt & crèvent , d'autres n'ont que la bouche & la langue malades : enfin , il y en a qui ont toute la tête douloureuse au bout de quatre ou cinq heures , & le mal devient quelquefois incurable.

Les moutons d'autre part attrapent la clavelée ou le claveau. Quelques-uns deviennent enflés & périssent aussi - tôt. D'autres sont attaqués par la tête ; & le mal que les bergers appellent *coup-desang* , donne des étourdissemens dont ils meurent quelques jours après. Ceux qui supportent mieux le mal , causent un dommage plus considérable , parce qu'ils le communiquent aux autres. De-là cette contagion qui se répand dans tout un pays , qui s'étend de proche en proche , & qui infecte souvent des provinces entières , & même tout le royaume.

Il y a encore une autre maladie qui n'est que trop commune aux moutons : c'est la pourriture. Quoique cette mala-

die ne se communique que peu souvent,
néanmoins un troupeau en périt pres-
qu'en entier. On a la douleur de voir cet
effet funeste cinq ou six mois après qu'on
l'a conduit dans des pâturages dont les
productions ne sont occasionnées que
par l'abondance des pluies, c'est-à-dire,
les herbes qui poussent dans les mois de
septembre & d'octobre ; & voici ce qui
y donne occasion. Les fermiers du Gâtinois & bien d'autres provinces, font
presque tous faucher leurs avoines & les
autres grains de mars. Malgré l'attention
de celui qu'on emploie pour cette opération, il fait tomber une partie de la semence par la secousse que sa faulx donne
à la tige. Pendant douze ou quinze jours
que les grains restent en javelle sur la
terre, l'herbe & le grain qui est tombé,
poussent ; l'un & l'autre s'entrelacent
dans les javelles, de sorte qu'on ne peut
les arracher qu'en forçant le rateau. On
en fait encore au moins égrainer la semence. Voilà donc à-peu-près six bichets (1) par arpent d'avoine répandus
sur la terre. Les pluies tombent ensuite. Comme la terre n'est point la-

---

(1) Le bichet est de deux boisseaux mesure de
Paris.

bourée, & qu'elle n'a presque plus de
sève, les productions qu'elle donne ne
tirent de nourriture que de l'eau. Pour
épargner les fourrages secs, on y fait
aller les troupeaux de très-bonne heure.
Ces animaux qui trouvent cette production tendre & délicate, en mangent,
même avec excès. Comme ce n'est presque que de l'eau, ils se pourrissent insensiblement. Dès que le printemps commence, la terre devient en sève. Elle
produit de nouvelles herbes qui renferment toute la force dont elles sont susceptibles. A peine en ont-ils mangé quelques jours, que n'en pouvant point soutenir les sucs & les sels, ils dépérissent
peu à peu, & le troupeau devient à rien.
J'ai vu plusieurs fois cet accident, dit
M. de Sutières, mais sur-tout en 1762;
un fermier de mon canton perdit tout
son troupeau pour l'avoir fait conduire
dans des pâturages, d'où l'on avoit nouvellement enlevé les avoines. S'il avoit
eu l'attention de faire donner du fourrage
sec à ses moutons avant que de les envoyer dans ces champs, il n'auroit perdu
que les plus vieux, les plus foibles &
ceux qui étoient les plus mal-sains. Mais
il les auroit tous conservés en ne les y
laissant point aller.

Je me suis convaincu, continue-t-il, que ce font les mauvaifes exhalaifons de la terre, les brouillards, la bruine, les temps humides & les autres influences de l'air qui corrompent les pâturages, fur-tout vers la fin de février de l'année 1764, comme j'étois occupé dans les champs à faire travailler des ouvriers dans deux jours différens, je remarquai le matin une vapeur en forme de brouillard qui s'éle-voit fur 25 ou 30 arpens de nos prés & fur ceux de Flagy, à trois ou quatre pieds de terre. Cette vapeur ne fut pas long-temps fans difparoître & fe dépofer. J'allai dans l'endroit où je l'avois remarquée : j'y arrachai plufieurs feuilles d'herbe, fur lefquelles je trouvai la rouille blanche dont je viens de parler. Je portai mes pas plus loin fur un champ où je n'avois point apperçu de brouillard. Je n'y trouvai pas la moindre rouille. Combien de fois, tant à Ville-Parifis qu'à Bellefontaine, dans le mois de feptembre & d'octobre, n'ai je pas trouvé des regains de luzerne & de fainfoin infectés de cette même rouille, que des vapeurs ou exhalaifons de la terre & influences de l'air y avoient dépofée, & qui étoit fi fort empreinte fur-tout fur la feuille de luzerne qui eft plus épaiffe, que malgré le foleil de la journée cette feuille étoit encore infectée le soir de cette rouille par-dessous. Qu'on ne dise donc pas qu'on n'envoie les vaches & autres bestiaux dans ces sortes de pâturages qu'après que le beau temps ou le soleil en ont enlevé les mauvaises vapeurs, puisqu'il s'y en trouve encore à la fin de la journée. Ce qui est arrivé à la fin du mois d'avril de l'année 1765 ne prouve-t-il pas encore que toutes les maladies des bestiaux ne proviennent que des mauvais pâturages dans lesquels on les mène. Il parut deux jours de suite, à 6 heures du matin, vers la fin du même mois d'avril, des brouillards qui infectèrent & rouillèrent si fort les pâturages, que la rouille subsistoit. Au bout de huit à dix jours elle y étoit tellement attachée, que les vaches qu'on a menée aux champs dans ces pâturages y sont devenues enflées, & plusieurs en sont mortes, parce que les fermiers & habitans n'ont fait aucune attention à cette rouille, qui a été plus considérable dans les endroits marécageux ou qui avoisinent les rivières; aussi toutes les vaches d'un village, nommé *Cannes*, qui tient à la rivière d'Yonne, à une lieue de Montereau-faut-Yonne, & autant de Bellefontaine, en ont été attaquées, & il en a péri un grand nombre, parce que les fermiers ont été long-temps sans savoir d'où provenoit le mal. S'ils l'euffent connu plutôt, la maladie n'auroit pas été si confidérable, puifqu'en leur faifant faire une faignée, en leur donnant de la thériaque, en les mettant à l'eau blanche avec un peu de farine de feigle, en leur donnant un peu de paille au van avec une poignée d'avoine en cas qu'elles ne mangeaffent pas bien, & en les faifant promener, on les auroit toutes réchappées. La rouille que ces brouillards avoient dépofée étoit si mauvaife, qu'en marchant dans ces pâturages feulement une demi-heure, l'on avoit le cuir de fes fouliers tout rouge & brûlé ; auffi toutes les vaches qui ont mangé de ces herbes rouillées & qui en font mortes, avoient-elles le foie brûlé & la rate enflée ; le même brouillard a rouillé tous les bleds froments qui étoient en herbes ; ils l'ont été si fort, que s'il ne fût pas venu une pluie dès le lendemain, qui les a lavés, ces bleds n'auroient jamais pu épier.

Or, la preuve que la rouille en infectant les pâturages caufe les maladies des beftiaux, c'eft que les fermiers & laboureurs des villages voifins ont fouvent une partie de leurs beftiaux malades, & qu'il leur en meurt beaucoup tous les ans, tandis que les miens font dans le meilleur état.

Les prés bas qui font négligés & dans lesquels on ne fait ni faignées ni foffés pour faire écouler les eaux qui croupiffent, font évidemment plus fujets que les autres terreins à ces fortes d'exhalaifons. D'ailleurs le mauvais état où ils font, à caufe de la mouffe qui épuife la fubftance du fol ou qui en arrête la végétation, ne leur permet pas de pouffer autre chofe que de mauvaifes herbes, dont le fuc étant corrompu dans fon principe, infecte à la longue les beftiaux qui s'en nourriffent.

Ainfi tant que les laboureurs & les fermiers négligeront la partie effentielle des pâturages, ils auront toujours des mortalités ou des contagions dont fe ref-fentiront leurs voifins. Auffi ai-je expéri-menté depuis 1742, qu'en s'abftenant, fur-tout depuis la fin de feptembre juf-qu'au mois d'avril, d'envoyer les vaches & les moutons paître dans les temps de brouillard & de rouille, on les préfervoit de toutes fortes de maladies peftilentielles. On peut pendant ces fix mois les nourrir, comme il a déjà été dit, de fourrages fecs, comme de paille de froment, ou de gros méteil pour les troupeaux ; & pour les vaches, de fourrage d'avoine, de paille de petit méteil & de seigle, de paille au van, & de paille d'orge. En les gouvernant de cette manière, & même en donnant le matin à la fin de l'automne, pendant l'hiver & au commencement du printemps aux bestiaux un peu de ces différens fourrages avant que de les envoyer aux champs, les jours qu'on peut le faire sans courir aucun risque, non-seulement on les garantira de beaucoup de maladies, mais ils seront encore plus gras, & la chair en sera meilleure, car les pâturages dans ces deux saisons sont toujours détrempés d'une humidité très-mal-saine qui les pourrit, & qui, si elle n'est pas toujours mortelle aux bestiaux, leur est du moins très-nuisible.

L'herbe des champs & les prés hauts sont moins dangereux. Il ne faut pour les sécher qu'un rayon de soleil, parce que les feuilles des herbes n'étant pas si larges ni si épaisses que celles de la luzerne, du sainfoin, &c, retiennent moins l'humidité & la rouille. Au surplus il y a des pays plus sujets les uns que les autres à toutes ces sortes d'influences. L'Italie même n'en est pas exempte; & certains cantons qui avoisinent la mer en sont principalement affectés. Aussi m'a-t-on assuré que les habitans y perdent beaucoup de bétail dans les mois de septembre, d'octobre & de novembre; ce qui n'arriveroit jamais, si l'on n'envoyoit les bestiaux aux champs que par un beau soleil, une petite gelée, ou après une forte pluie, capables de sécher, d'enlever ou de laver la rouille déposée sur les herbes, *& après leur avoir donné des fourrages secs des granges.*

Quand il court de ces maladies, qui sont apportées souvent par des bestiaux étrangers qu'on amène dans les foires pour les vendre, il faut soigneusement éviter que les autres aient quelque communication avec eux, jusqu'à ce que l'on se soit assuré de leur santé. Voilà le moyen de les préserver sûrement de toutes maladies contagieuses. C'est une expérience que j'ai faite, depuis 1742 jusqu'en 1751; temps où j'ai fait valoir par moi-même une partie de la terre de Ville-Parisis, continue toujours M. de Sutières. Dans une de ces années il survint une maladie si contagieuse sur les vaches, & d'un effet si rapide, que lorsqu'un fermier avoit une seule de ses vaches malade, en eût-il eu cent, il les perdoit toutes, sans qu'aucune pût échapper. J'ai vû pareil accident arriver à notre fermière de Gressy près de Claye. Cette fermière avoit trente vaches.

Elle s'avisa dans ce temps d'acheter six
genisses. Nous lui conseillâmes, M. le
prieur & moi, de tenir ces six genisses
séparées de ses autres vaches. Elle nous
répondit qu'elle les avoit achetées d'un
homme qui avoit de bons certificats,
qui portoient que la maladie contagieuse
n'étoit point dans son pays. Nous eûmes
beau lui représenter que ces genisses pouvoient l'avoir contractée par la seule communication avec celles qu'elles avoient
trouvées en chemin pour venir en foire,
on pour avoir pâturé dans des endroits
où d'autres vaches ou genisses attaquées
de la maladie contagieuse avoient été
paître. Elle s'obstina à les faire mettre dans
la même étable que ses autres vaches. Ce
que nous craignions pour ses bestiaux,
ne tarda point à se manifester. Cette fermière, ainsi que bien d'autres, perdit &
ses genisses & ses vaches. Mais ce qui fait
voir que ce n'est que par la communication de ces six genisses qu'elle voulut,
malgré nos avis, mettre avec ses vaches,
qu'elles périrent toutes, c'est que M. le
prieur de Greffy qui faisoit valoir son bénéfice, & qui avoit huit ou dix vaches
logées à la distance au plus de 20 toises
de celles de la fermière, n'en perdit pas
une. Il avoit soin de ne les laisser sortir

que dans sa basse-cour, ainsi que dans son
jardin & dans celui d'un de ses voisins,
où il y avoit un peu de pâturage. On ne
les y laissoit même que très-peu de temps,
& seulement pour prendre l'air & boire.
Elles étoient ensuite renfermées dans leurs
étables, où elles trouvoient leurs auges
garnies de nourritures que j'ai indiquées
plus haut. Au moyen de ces précautions
M. le prieur conserva toutes ses vaches.

Pendant que ce que je viens de dire se
passoit à Gressy, Ville-Parisis, où je ré-
sidois alors, n'étoit pas exempt de la maladie des vaches, & beaucoup d'habitans
& fermiers en perdoient. J'en avois une
quinzaine, tant au château que j'occu-
pois qu'à la ferme que je faisois valoir.
J'observai de point en point tout ce que
je viens de dire. Je leur fis donner pendant plus de deux mois de différentes
pailles de la grange, & cependant on ne
les menoit point ailleurs que dans le parc,
tant pour les faire boire & leur faire
prendre l'air, que pour pâturer dans les
dix arpens de prés dont il est composé.
Par cette conduite je ne perdis aucune
vache; elles étoient au contraire dans le
meilleur état.

J'avois à Bellefontaine vingt-cinq vaches, huit chevaux & beaucoup de pou-

les qui n'ont eu aucune des maladies épidémiques, dont presque tout le pays
s'est plus ou moins ressenti. Je ne répéterai point ce que j'ai dit sur la manière
de gouverner les animaux pour les conserver toujours sains (1); mais je puis
apporter en preuve, & produire ici mon
expérience. La principale attention que
je recommande, après le soin de leur
nourriture, telle que je la leur donne
moi-même toujours avec succès suivant
les circonstances, c'est d'empêcher qu'ils
n'aient aucune communication au moins
pendant un certain temps avec d'autres
animaux de leur espèce. On évitera par
cette précaution, non-seulement le danger de la contagion pour les bestiaux,
mais encore bien des maladies qui courent parmi les hommes dans certains cantons, & quelquefois dans les petites villes.
Qu'arrive-t-il en effet des maladies que
contractent les animaux ? c'est que beaucoup de fermiers & habitans de la campagne se voyant à la veille de les perdre,
cherchent à les vendre à vil prix pour en
tirer au moins quelque chose. L'avidité
du gain porte les bouchers du village à

______

(1) On peut consulter les excellens ouvrages
de M. Chabert.

K

acheter ces animaux infectés : ils les tuent, vendent à grand marché les plus mauvaises viandes aux habitans du lieu, & portent le reste dans les marchés des petites villes voisines. Je laisse à juger du désordre qu'une pareille nourriture peut causer dans le corps humain. Il est aisé de se convaincre de la vérité de mon observation, en examinant ce qui se passe pendant le cours de ces maladies dans les villages & les marchés. On verra que l'on y trouve quelquefois de la viande à très-bas prix. Ce n'est point qu'il n'y en ait aussi de très-bonne ; mais, comme cette dernière coûte plus, les pauvres gens courent à celle qui n'est pas si chère, & par économie s'en empoisonnent. De-là naissent plusieurs maladies épidémiques, qui attaquent tous les habitans d'une contrée qui ont mangé de la chair d'animaux infectés.

Il en est de même du pain dont usent les pauvres paysans. Les boulangers, par le même esprit d'intérêt, au lieu d'acheter le bon grain au prix qu'il vaut, achètent ordinairement le plus mauvais bled, & même celui qui est chaufouré (1). Com-

____

(1) On appelle bled chaufouré, du bled qui s'est échauffé, soit parce qu'il y a eu des gerbes

me ils ont ces sortes de bleds à très-bon
compte, ils s'inquiètent peu du mauvais
effet qu'ils peuvent produire. Ils en font
du pain qu'ils vendent à un liard ou deux
de moins par livre que celui des marchés. Le pauvre achète ce pain préféra-
blement au bon; de cette mauvaise nourriture naissent des maladies souvent très-
dangereuses. En doit-on être surpris,
puisqu'il est certain qu'elles n'ont d'autre
source que la qualité dépravée du grain,
dont, par une malheureuse économie, on
a voulu se servir?

Plusieurs fermiers ne sont point assez
attentifs à préserver leur monde, sur-
tout pendant la moisson, de cet accident. Communément ils gardent du bled
gâté, dont ils font usage dans le temps
de leur récolte. S'ils ont quelques bestiaux qui se pourrissent, ils les font manger à leurs gens. Quel avantage retirent-
ils de cette imprudence? C'est que tous
leurs domestiques tombent malades. Leur
récolte en souffre considérablement, &
dépérit en partie, parce qu'alors on ne

---

entassées trop humides, soit parce que ces mêmes
gerbes contenoient de mauvaises herbes qui
n'étoient pas assez sèches quand on les a mises
dans les granges.

peut plus trouver d'autres ouvriers, vu
que tous les gens de la campagne font
occupés à faire la moisson chez d'autres
personnes. Aussi me contentai - je de répondre à un de nos fermiers qui me disoit
à Ville-Parisis, que j'étois heureux de n'a-
voir aucun domestique malade, qu'il le
seroit autant que moi quand il le voudroit bien sincèrement ; qu'il n'avoit qu'à
ne point acheter de vaches malades ou
pourries, & donner de bon pain & de
bonne viande à ses domestiques, & qu'a-
lors ils supporteroient en bonne santé
toutes les fatigues de la moisson.

Le remède à ce mal seroit d'empêcher
de vendre les mauvaises viandes & les
mauvais grains. Mais qu'en faire, me
dira-t-on, de ces derniers ? Qu'en faire ?
En engraisser les cochons, ou de la volaille, *après l'avoir fait cuire dans l'eau*,
pour lui ôter par la cuisson une partie de
sa mauvaise qualité.

On m'a fait une objection, ajoute M.
de Sutières, sur la cause générale que j'attribue aux maladies des bestiaux. Si c'é-
toit, dit-on, les mauvaises influences de
l'air & les exhalaisons mal-saines dans
des terreins dont le venin se dépose sur
l'herbe des prés tant naturels qu'artificiels
qui produisent ces maladies, ne devroient-

elles pas être auffi nuifibles, auffi préju-
diciables à l'homme ? Cela peut fans doute
arriver, mais le cas eft fort rare. 1°. Parce
que les exhalaifons terreftres ne s'élèvent
ordinairement que des terreins marécageux, ainfi que dans les prés hauts & artificiels, & que ces terreins font encore
ceux qui attirent ou fur qui fe fixent le
plus les mauvaifes influences de l'air.
2°. Parce que la terre où fe trouvent les
fourrages dont j'ai parlé, n'étant jamais
ni labourée ni remuée, ce qu'elle contient de vapeurs, de fels & de fucs différens, ne pouvant en fortir qu'avec peine,
les exhalaifons font plus fortes, & les
influences de l'air attirées par les fels
& les vapeurs du fol, s'y dépofent plus
aifément, au lieu qu'une terre qui eft labourée & remuée, s'exhale & s'évapore
plus aifément, fur-tout par l'action du
foleil qui pompe plus facilement toutes
les évaporations. Au furplus les hommes
ne mangent point de ces herbes où eft dé-
pofé ce vénin, quoiqu'on ne puiffe pas
nier abfolument que les maladies ne foient
plus fréquentes dans le pays où l'humidité féjourne plus long-temps, graves
quelquefois, même épidémiques, fuivant
que toutes ces vapeurs, exhalaifons, influences ou brouillards font plus ou

moins mauvais, il est très-certain que la cause de ces maladies est presque toujours d'une nature différente, c'est-à-dire, plus ou moins dangereuse.

Quant à la contagion provenant des fourrages infectés par ces sortes d'exhalaisons, elle s'étend quelquefois jusqu'aux chevaux qui se communiquent entre eux-mêmes jusqu'aux plus simples maladies.

En 1764 au mois de février j'achetai deux chevaux à Chéroi. L'un d'eux avoit ce qu'on appelle en terme du pays *la poujole*, espèce de rhume qui rend les chevaux aussi malades que nous le sommes ordinairement de cette incommodité ; car ils toussent & jettent de temps en temps par les narines, comme une personne qui a un rhume de cerveau. Quelques jours après, six autres chevaux de ma ferme eurent tous la même maladie. Heureusement elle n'est pas dangereuse, quand on a soin de ménager ses chevaux, & de ne point les excéder de travail. Comme alors ils sont dégoûtés, & qu'ils ne mangent pas bien leur avoine, il faut leur donner un peu de bled, & les mettre à l'eau blanche ; ce qu'on fait en jetant dans ce qu'ils doivent boire deux poignées de farine de seigle. On ne doit leur donner, pendant qu'ils sont dans cet état, ni foin, ni luzerne, mais seulement de la gerbée, & des menus de froment ou gros méteil. Cette façon simple de les alimenter m'a toujours réussi, & je me garderai bien d'en employer d'autres, surtout de les faire saigner suivant l'avis très-hasardé de quelques auteurs modernes.

Il est beaucoup de fourrages secs qui causent aussi une infinité de maladies fort sérieuses aux bestiaux & aux chevaux d'une ferme; telle est la paille de froment, celle de méteil, lorsqu'elles proviennent d'une récolte pourrie & infectée de bruine, de bled teint, rouillé ou niellé.

C'est donc par des récoltes bien saines, & en empêchant la communication de ses bestiaux avec ceux des voisins dans le temps des maladies épizootiques, qu'on garantit les bestiaux de tout accident. D'où l'on peut conclure qu'il est bien plus essentiel de prendre ces précautions que de chercher des remèdes que l'on ne peut jamais déterminer avec succès, que quand on connoît la nature & l'espèce de maladie, qui communément est différente, parce qu'elle n'est pas toujours occasionnée par la même cause; par conséquent il vaut beaucoup mieux indiquer le moyen de s'en préserver, que de mettre son espérance dans des remèdes très-incertains.

Mais que faire, dira-t-on, des débris d'une récolte infectée par les maladies de bruine, de nielle & de beaucoup d'autres espèces, puisqu'en en faisant du pain, ils peuvent causer aux hommes des maladies épidémiques, & qu'en en donnant la paille aux animaux, ils produiront sur eux le même effet ? Il faut mettre ces bleds en chaux de la manière qui a déjà été indiquée. Jettez-les en terre, ils produiront une récolte très-belle, très-saine & très-abondante, pour peu qu'on ait labouré le sol, & qu'on l'ait pourvu d'engrais qui lui soient analogues.

A l'égard des pailles, ne vous en servez que pour faire de la litière aux chevaux & aux vaches. Ces animaux étant ordinairement liés dans leurs écuries ou étables, ne pourront y toucher; ayant d'ailleurs de meilleurs alimens, ils ne chercheront pas à manger ceux qui seront infectés.

J'en appelle encore à l'expérience que j'en ai faite, tant à Ville - Parisis qu'à Bellefontaine, continue M. de Surières. Quand j'ai commencé à faire valoir dans ces deux endroits, les bleds que les fermiers m'avoient laissés étoit attaqués de toutes sortes de maladies, & pleins de mauvaises graines. Avec ma façon de mettre le grain en chaux, & fans jamais changer de femence, je l'ai très-bien purifié, & j'ai récolté les années fuivantes de plus beau bled, en plus grande quantité, & meilleur que celui de mes voifins.

CHAPITRE XII ET DERNIER.

Des Potagers.

ON s'imagine affez ordinairement que pour rendre les potagers fertiles il faut leur donner beaucoup d'eau, & leur procurer une grande quantité de fumier. C'eft une erreur, car les fols des jardins font à-peu-près femblables à ceux des terres propres à être labourées, c'eft-à-dire, qu'ils font bons, médiocres ou mauvais: ce qui eft occafionné par l'embarras où l'on fe trouve fouvent de ne pouvoir choifir la nature de la terre que l'on voudroit mettre en potager, attendu qu'on eft obligé de prendre celle qui eft la plus commode & la plus à portée du château ou de la maifon qu'on veut habiter. Le jardin que j'avois à Bellefontaine, dit M. de Sutières, ne contient guères que deux arpens. Quand j'en ai pris poſſeſſion en 1759, plus de la moitié étoit un ſol caſſe, glutineux & plein de glaiſe. Auſſi cette partie étoit-elle alors en friche. Je l'ai arrangée de la même façon que les terres labourables qui étoient de la même nature, à l'exception de la marne que je n'ai point fait entrer dans les engrais que j'y ai mis. Je me ſuis contenté d'y faire tranſporter pendant la gelée, ou dans d'autres temps qu'on ne pouvoit pas faire d'autres travaux, du bon gazon un peu ſablonneux, de la terre neuve noire qui étoit ſous les fumiers de baſſe-cour, de la terre lateuſe, froide & humide, avec du fumier bien conſommé. Par le moyen de ces différens engrais, le ſol du jardin s'eſt trouvé ſi ameubli, que les pois, les fèves & les autres légumes ſont venus en abondance, y ont beaucoup grainé, & ont eu un bien meilleur goût que tous ceux qui venoient auparavant dans la partie cultivée qu'à force de fumier & d'eau. On comprendroit difficilement, ſans l'expérience, combien ces différens engrais empêchent la terre de ſe ſécher; ce qui eſt bien eſſentiel dans les endroits où l'eau eſt rare en été. Que je connois de jardins dont le terrein eſt rempli de gravier, de cailloux & de ſable! Ceux qui les poſsèdent, font des dépenfes confidérables pour y conduire des eaux & des fumiers de toute efpèce. La main-d'œuvre y eft multipliée à l'excès pour arrofer. Mais que réfulte-t-il de ces arrofemens trop fréquens? Une perte prefque totale de ces fumiers; car l'eau paffant au travers de ces fols, comme dans une fontaine fablée, quelquefois même avec plus de précipitation, en entraînent dans les fonds tous les fels & tous les fucs. Tout devient alors infruétueux pour le propriétaire, & l'argent immenfe qu'il a dépenfé & le travail pénible du jardinier. Il fuffifoit, pour épargner l'un & l'autre, de faire tranfporter dans le potager des terres neuves, du gazon, & un peu du fumier analogue à la terre (1), qu'on vouloit mettre en état de produire.

J'en fais de même, proportion gardée, pour les arbres fruitiers. Quand je veux en planter contre quelque mur, je fais faire une tranchée, & bien défoncer le terrein; je la remplis enfuite des mêmes engrais: après cette opération on y plante les arbres. Les pêchers que j'ai

____

(1) On a vu plus haut quels font les fumiers analogues à chaque nature de terre.

fait planter de la forte ont plus profité
en deux ans, que ceux qui avoient été
mis en terre fix ans auparavant dans le
même fol, mais fans avoir pris les mêmes précautions que je viens d'indiquer.
On retirera les mêmes avantages, fi on
plante de la même façon les pommiers
& les poiriers, & les autres arbres à
fruit dans les plates-bandes du jardin.
Les fruits en feront bien meilleurs & en
plus grande quantité, que fi on n'y mettoit que des fumiers de baffe-cour, qui
ne fervent fouvent qu'à brûler le fol
qu'on enfemence ou qu'on plante, fuivant les différentes natures de la terre.
On doit auffi mettre un peu de marne
dans de bons fonds, comme dans les terres fortes, franches, à blanc limon,
noires, meubles, lateufes, froides & humides; car en vain dira-t-on que la
marne faifant, pour ainfi dire, produire
la terre malgré elle, elle épuife en peu
d'années tous les fels & tous les fucs
qu'elle renferme, ou les defsèche, de façon qu'on ne peut plus rien en tirer. J'ai
l'expérience du contraire. Depuis 1740,
j'ai fait marner jufqu'à deux fois des terres qui rapportent conftamment de très-
bonnes récoltes; & je fuis certain qu'elles
ne diminueront jamais, parce que j'au-

rai soin d'en entretenir les sels & les sucs par les différens fumiers des basses-cours, par les diverses terres neuves que j'ai déjà désignées, ou par tout autre engrais analogue. Au reste, il paroît que ceux qui font le raisonnement que je combats, ne savent pas qu'il y a diverses sortes de marnes. Les unes sont très-grasses, les autres le sont moins, & d'autres sont si sèches, qu'elles n'ont que les sels nécessaires pour exciter ou provoquer la végétation de la terre. Ces dernières néanmoins mêlées avec différens fumiers de basse - cour & les autres engrais dont j'ai parlé, donneront de très-bonnes productions, soit en légumes, soit en fruits, soit en grains. Ces différentes productions seront même plus de garde, que celles que l'on aura recueillies dans d'autres terres qui n'auront pas été préparées comme je l'enseigne. D'où vient cela ? C'est qu'elles auront une meilleure qualité ; j'excepte cependant de ces engrais les fumiers des bergeries, les crottins de pigeons & le parc, parce qu'ils opèrent, à peu de chose près, les mêmes effets que la marne.

Il y a un autre moyen de faire du fumier, qui convient encore beaucoup mieux aux potagers & aux vignes que

tous les fumiers des basses-cours, & qui
ne brûlera jamais, comme ces derniers
le font quelquefois, ni les plantes, ni les
fruits. Il consiste à faire un lit de bonne
terre de quatre à cinq pouces d'épaisseur,
long & large d'environ deux toises plus
ou moins. On met dessus un lit de fumiers différens de trois à quatre pouces
de hauteur. On continue de même jusqu'à
ce que le tas soit élevé à quatre ou cinq
pieds. On arrose ensuite cette terre & ce
fumier avec de l'eau de mares, ou de
celles que l'on prend dans d'autres endroits où il s'en trouve qui croupissent,
jusqu'à ce qu'ils ne fassent plus qu'un seul
corps ensemble, & qu'on puisse le couper
avec la bêche. Transportez-le après cela
dans un potager ou dans des vignes, il
fera toujours beaucoup plus d'effet que
tous les fumiers des basses-cours, & l'engrais en durera bien plus long-temps. J'ai
vu des vignerons qui avoient ainsi fumé
leurs vignes, avoir une pleine vendange,
tandis que leurs voisins n'avoient qu'une
demi-année tout au plus. Quoique ces
fumiers soient bons pour les vignes,
cependant je ne les conseille que dans le
cas où l'on ne pourroit pas se procurer
des bonnes terres neuves, engrais qui dans
dans tous les cas procurent une meilleure

qualité au vin que tous les fumiers bien fabriqués ne pourroient faire ; envain un auteur moderne se récrioit-il contre les terres neuves, en nous disant qu'un fermier, pour avoir fait transporter dans un de ses champs une butte de terre neuve qui avoit quatre à cinq pieds de hauteur, n'a plus eu de bonnes récoltes ; & que s'il n'avoit pris que quatre à cinq pouces de cette butte de terre, il en auroit eu de très-bonnes. Cet auteur prétend que la terre n'a de sels & de sucs qu'à quatre, cinq ou six pouces de profondeur, suivant que le sol en est meuble ; pour moi j'ai la preuve du contraire à tous égards, puisque non-seulement j'ai fait transporter des buttes de terres de la hauteur de sept à huit pieds, mais encore j'ai fait faire des fossés de cinq à six pieds de profondeur ; j'ai fait rétendre toutes ces terres neuves sur des sols qui en avoient besoin, & dans la même année ces terres neuves m'ont procuré d'abondantes récoltes tant en grains qu'en fourrages.

ADDITIONS

AUX CHAPITRES PRÉCÉDENS.

Des précautions qu'on doit prendre pour mettre en sûreté les grains dans les granges.

IL ne suffit pas d'avoir fait une bonne récolte, il faut encore savoir garantir dans les granges les grains qu'on y renferme, des différentes vermines qui les y dévorent annuellement; je crois devoir indiquer ici les moyens dont M. de Sutières fait usage pour y réussir. Ils sont des plus naturels, quand les granges sont solidement bâties, & d'une matière un peu plus dure que celle qu'on emploie assez ordinairement en Picardie. Quelle est en effet la cause du dégât qu'y font les rats, les souris & les charansons ? il n'y en a point d'autres, la plupart du temps, que la négligence du fermier ou du propriétaire. Entrez dans leur grange, qu'y voyez-vous ? Une infinité de trous dans l'aire, dans les travées & dans les murs, qui sont autant de forts inaccessibles dans lesquels se retirent toutes ces vermines pour se mettre à l'abri des poursuites qu'on pourroit en faire. Lorsque je suis entré dans la ferme de Bellefontaine, nous dit M. de Sutières, j'ai trouvé les granges dans ce triste état. Les rats & les souris y avoient formé des espèces de terriers, dans lesquels ils faisoient leurs petits. Ils en sortoient par bande pour aller dévorer la récolte, & y transporter leurs provisions. Je suis enfin venu à bout de les détruire, & voici la manière dont je m'y suis pris. J'ai fait enlever de l'aire & de toutes les travées au moins un pied de terre. A peine pourroit-on croire combien nous avons fait périr de rats, de souris, de charansons dans cette opération. Les mêmes tombereaux qui transportoient les terres dans les champs, en rapportoient des pierres & des cailloux pour remplir les creux qu'on avoit fait dans la grange. Après les avoir fait bien arranger à plat, on a jeté dessus de la chaux mêlée avec du sable. Cet espèce de mastic a lié ensemble les pierres & les cailloux. On a bouché ensuite bien soigneusement avec la même composition tous les trous des murs. J'y ai fait depuis ce temps bien entasser mes récoltes sans la moindre perte, tandis qu'elle avoit été très-considérable pour le fermier en 1758; car il y avoit dans les souterreins que les vermines avoient formés, plus de quarante bichets de bled qu'elles avoient mangés, & au moins plein un tombereau de charansons que j'ai fait brûler. Tous les fourrages de la grange étoient infectés par l'ordure de toutes ces vermines.

Pour faire périr les charansons à Ville-Parisis, j'ai fait enduire de chaux vive les murs, les travées & l'aire de la grange, & j'en suis venu à bout. Quand il n'y en a point une trop grande abondance, il n'est question que de bien nettoyer la grange, couper après cela quelques gerbes de bled de la récolte qu'on est sur le point de commencer, & les étendre le long des murs. Dès le lendemain tous les charansons y seront rassemblés. On prend pour lors un drap, sur lequel on secoue chaque gerbe. Tous les charansons tombent dessus; on porte le drap dans la cour où les poules mangent cette vermine avec avidité. On place ensuite ces gerbes dans la grange comme la première fois. Vous n'aurez pas réitéré cette opération quatre à cinq fois, qu'il n'y aura plus de charansons. On croit assez communément que cet insecte fait plus de bien que de mal, quand on entasse le bled trop humide, qu'elle l'empêche d'y germer ; qu'il est même plus aisé à battre. Je n'ai jamais fait cette expérience, parce que dans aucun temps je ne me suis mis dans le cas de faire une récolte qui pût germer dans la grange ; ce qui est de très-grande conséquence, car il est très-certain que du bled germé & chaufouré ne peut que nuire à la santé de ceux qui mangent le pain qu'on en fait, & que les pailles qui sentent le relent, causent des maladies aux animaux qui s'en nourrissent.

Pour bien entasser les avoines dans les granges, il faut les délier & les étendre également sur le tas. On les garantit par cette façon de les arranger, des vermines qui ne peuvent y pénétrer. Le grain y acquiert une qualité qu'il ne peut avoir quand on le laisse en gerbe, & il entre dans une seule travée ce qui en rempliroit deux ; car les gerbes n'ayant point assez de longueur pour pouvoir se joindre aussi exactement que le bled, il se trouve dans tous les rangs des vuides, dans lesquels se glissent les rats, les souris, qui y font un dégât considérable.

Moyens de se délivrer des charansons,

PAR M. DE SUTIÈRES.

Pour faire périr, ou du moins chasser d'une grange ou d'un grenier les charansons ou autres animaux destructeurs, il faut faire brûler au milieu de la grange une certaine quantité de cornes de mulet avec des vieux souliers. Il est nécessaire que toutes les portes & les fenêtres soient exactement fermées, afin que les murailles puissent être bien imprégnées de la fumée, & par conséquent de la mauvaise odeur. On peut être assuré qu'une grande partie de ces animaux périra, & que l'autre se retirera. Comme cette odeur reste ordinairement un an, & même dix-huit mois, on est sûr pendant ce temps d'être délivré des charansons. On peut, & même l'on doit recommencer cette opération au bout de ce temps.

On a remarqué que les grains qu'on a mis dans les greniers ou granges ainsi fumés, n'ont pris aucun goût.

Il y a encore un autre moyen bien simple pour faire fuir les charansons, c'est de mettre du foin nouveau, mais très-sec, ou de l'avoine nouvelle, mais sèche, sur le grain qui en est attaqué.

On peut être assuré qu'ils fuiront promptement.

De la main-d'œuvre.

Rien de plus nécessaire, sur-tout pendant la moisson, que l'assiduité au travail. Si on ne multiplie, pour ainsi dire, alors les bras, rarement les ouvrages sont conduits à leur perfection. Les récoltes sont souvent perdues en partie ou dépérissent, & les terres qu'on doit disposer pour recevoir la semence, sont négligées. Très-souvent même les vignes en souffrent. Il seroit néanmoins aisé d'éviter ces inconvéniens; car au lieu d'occuper tant de monde à la garde ou à la levée des dîmes & des champarts qui sont si onéreux au public, il faudroit donner en argent ou en grains aux gros-décimateurs & aux seigneurs, à-peu-près la valeur de ce qui doit leur revenir, tous frais faits. Dans cette hypothèse, combien de personnes ne pourroient-elles pas être employées plus utilement? Car dans une cure à-peu-près de 1200 l. où le curé a la dîme, il lui faut trois calvaniers, un charretier, une charrette & deux chevaux. Il faut au seigneur ou fermier un homme qui aille marquer les gerbes qu'il veut avoir. Voilà donc au moins cinq perſonnes qui travailleroient au bien général, ſi elles n'étoient pas employées à celui de deux particuliers.

Les gros-décimateurs au reſte & les ſeigneurs gagneroient à cet arrangement, puiſqu'ils n'auroient plus à craindre aucune intempérie de l'air, & qu'ils éviteroient les embarras & la groſſe dépenſe que leur donne ordinairement le temps de la moiſſon. Le laboureur y trouveroit auſſi ſon compte; car, ſans faire aucuns frais de plus, il profiteroit de la dépenſe que les ſeigneurs & les gros-décimateurs ſont obligés de faire pour recueillir ce qu'ils ont droit de percevoir. D'un autre côté le fermier ne craignant plus de voir dans ſon champ des étrangers avides de ce qu'il y a de meilleur, & de ce qu'il a eu tant de peine à faire produire, le fermier, dis-je, ſe livreroit au travail avec plus d'ardeur & de zèle, & ſeroit diſpenſé de payer une perſonne pour veiller à ce que l'on ne lui enlève rien audelà de ce qu'il doit. Ajoutons que toutes ſes pailles lui reſteroient, & qu'il auroit par conſéquent plus de fourrage pour ſes beſtiaux.

Différens avantages qu'on peut tirer des défrichemens,

PAR M. SARCEY DE SUTIÈRES.

On se plaint avec raison des horribles dégâts que les rats, les souris, les mulots, les courtillères & différentes espèces d'insectes font sur les diverses productions de la terre : on demande tous les jours des secrets pour détruire ces animaux qui diminuent considérablement nos récoltes ; mais après bien des peines on se trouve toujours dans la même situation : la raison, c'est qu'on n'a pas coupé le mal par la racine. Tant qu'on sera voisin de terres en friche, on travaillera inutilement à se garantir de toutes les vermines qui désolent le cultivateur ; car les terres incultes sont comme le repaire de ces différens animaux, qui, tranquilles dans ces terreins, s'y multiplient à l'infini, & se jettent ensuite sur les terres cultivées, ou bien ils y sont portés par un coup de vent. Ainsi l'unique moyen de se délivrer de ces êtres destructeurs seroit de mettre en bonne culture tout ce qui est en friche, autant qu'il est possible.

J'ai parcouru tout le royaume pour

examiner les différentes natures de terre,
& sur-tout celles qui étoient en landes
& en marais. J'ai observé qu'une très-
grande partie de ces landes n'étoit couverte que de vignons, de bruyères, de
fougères & de mousse ; dans d'autres il
n'y poussoit que de l'ajonc, dans d'autres de la bruyère seulement, & enfin
que d'autres produisoient en même temps
de la bruyère & de la fougère. Ces différentes sortes de sols sont donc caracté-
risés par leurs diverses productions qui
sont analogues à leur nature. On peut
donc juger qu'elles sont susceptibles de
rapport, & quelles doivent être la quantité & la qualité des semences qu'on peut
leur confier.

Je ne m'étendrai point sur les maux
qui résultent de ces mauvais pâturages,
des landes & des terres marécageuses ; je
ne ferois que répéter ce qu'une malheureuse expérience ne confirme que trop
tous les jours. Ceux qui pourroient en
douter, n'auroient qu'à se transporter
dans ces pays où il n'y a que de vaines
pâtures, ils y verroient des troupeaux
foibles, languissans & en petite quantité.

Pour remédier à ce premier mal qui
entretient la misère des habitans de ces
cantons, & qui empêche que le bétail
ne

ne se multiplie autant qu'il seroit possible ; il est donc nécessaire de défricher toutes ces landes, dont la plupart ont été cultivées autrefois, puisqu'on y remarque encore des sillons, des planches, des raies, d'anciens vestiges de fossés qui séparoient les différentes possessions, & qu'on trouve même quelques restes des fondemens de maisons. On peut se convaincre de la bonté de ces terres, qui, sans doute, ont été abandonnées dans des temps de troubles, par les récoltes que produisent celles qui les avoisinent & qui sont de même nature. On le prouve facilement par les plantes qui leur sont communes, & qu'elles produisent naturellement. C'est une marque certaine pour comparer une terre à une autre, & voir si elles sont de la même qualité, ou si elles sont différentes. Deux sols très-éloignés qui produisent naturellement les mêmes plantes, sont sûrement de la même nature. D'après de telles observations, on connoît les productions qui leur sont propres, & on est assuré de l'espèce de récolte qu'on doit avoir.

En mettant en culture des terreins abandonnés, on multiplie les moyens de faire vivre un plus grand nombre de pauvres paysans, & l'on favorise en

même temps la population. Les défrichemens occasionneront néceffairement de
nouvelles habitations ; les habitans pourront efpérer d'être occupés ; les uns feront laboureurs , d'autres charretiers ,
d'autres bergers, garçons de baffe-cour,
&c. Les femmes & les filles trouveront
auffi de l'occupation. Dans le temps de
la récolte tout le monde eft employé.
Ceux qui font en état de travailler fcient
les bleds , & gagnent de l'argent ou du
grain , fuivant l'ufage du pays; les enfans & les vieillards viennent glaner.
Après la récolte on fait du chaume , qui
fert à couvrir les maifons , à échauffer
le four , & à faire la litière aux beftiaux ;
& ces mêmes beftiaux vont pâturer dans
les chaumes , où ils trouvent une bonne
nourriture. Je demande fi l'on auroit ces
mêmes reffources dans un pays couvert
de landes. Je continue : la quantité de
grain qui fe trouvera ainfi multipliée par
de nouvelles cultures , fournira plus de
fourrages pour les beftiaux qu'on pourra
multiplier plus facilement , & qui étant
mieux nourris que dans les vaines pâtures , feront plus forts & plus fains. Cette
augmentation de beftiaux produira une
plus grande quantité d'engrais, qu'ils porteront même dans les terres en y paiffant.

Après les récoltes, les manouvriers ne resteront point sans travail. Les uns battront les bleds dans les granges, d'autres feront des fossés ou des sang-sues pour l'écoulement des eaux : enfin, tous ceux qui voudront travailler ne manqueront pas d'occupation. Qu'on ne m'objecte pas qu'il n'y a pas assez de bras pour bien cultiver les terres qui sont déjà en culture, & que par conséquent on en manqueroit pour les terres qu'on voudroit défricher. On a déjà répondu plus d'une fois très-solidement à cette objection, & j'y ai déjà répondu moi-même, en faisant voir qu'en suivant mes principes, on diminue le nombre d'hommes & d'animaux nécessaires pour la bonne culture. D'ailleurs la bonne culture fait revivre pour ainsi dire un pays en y apportant l'aisance, & l'aisance occasionne la population.

Je puis assurer que la culture que j'ai introduite dans la province où j'ai demeuré, y a déjà procuré de grands biens. Plusieurs habitans qui n'avoient que des vaches à bail & qui étoient fort endettés, ont aujourd'hui des vaches en propre, & ne doivent plus rien. Tels sont les effets des terres bien cultivées ; effets dont l'état se ressent de différentes manières. Je soutiens , & je suis en état de le prouver , que chaque nature de terre cultivée suivant ma méthode , rapportera au moins douze pour un.

On peut encore augmenter le nombre des bestiaux en desséchant tous les prés bas & les marais. J'ai observé qu'il y avoit de ces sortes de sols en Normandie & en Bretagne , & que s'ils étoient desséchés , ils pourroient produire un herbage qui donneroit une bonne nourriture aux bestiaux. J'y ai observé qu'il y avoit dans plusieurs endroits de ces bas prés , des herbes aigres , & d'autres qui étoient rouillées. Ces mauvaises productions font insensiblement périr des bestiaux , en leur pourrissant les entrailles. Mais dans ces mêmes marais j'y ai vu des parties excellentes , dont on feroit de bons pâturages s'ils étoient desséchés. Les bestiaux de ces cantons s'y engraisseroient alors, & ne seroient plus sujets aux différentes maladies qui leur donnent la mort. La bonne nourriture entretient les bestiaux en santé, & les rends forts & vigoureux. On peut voir ceux qui m'appartiennent , & on peut s'informer s'ils sont sujets à toutes les maladies dont les autres sont affligés. Mon secret consiste à leur donner de bons fourrages , à les entretenir proprement ,

& à ne point les laisser aller en pâture dans des momens pleins de brouillards, ou avant que le soleil ait purifié l'air & dissipé les mauvaises vapeurs qui s'élèvent dès le point du jour.

J'ai déjà observé que les terres en friche peuvent être regardées comme le repaire de tous les animaux qui font tant de tort à nos récoltes, & j'ai dit qu'il n'y avoit pas de moyen plus sûr pour les détruire que celui de la charrue; mais si on l'emploie hors de saison, ce moyen devient absolument inutile. Les labours qu'on fait à dessein de se délivrer des insectes & autres animaux voraces, doivent se faire à l'approche de l'hiver ou pendant cette saison. La charrue en renversant la terre interrompt la production de ces différentes espèces de vermines, & expose leurs œufs ou leurs petits à toutes les intempéries de l'air qui achèvent de faire périr ce que la charrue a épargné. Il ne faut pas se flatter de pouvoir tout détruire en une seule année; mais on est au moins très - assuré d'en avoir fait périr la plus grande partie, & on est certain d'en venir entièrement à bout, en continuant de la sorte. J'ai l'expérience de ce que j'avance. En 1759, 1760, 1761 & 1762, j'ai détruit une quantité étonnante de ces animaux , en faisant défricher les environs de mes terres qui étoient cultivées. Avant cette opération, il sortoit de ces friches , dans les années humides, des essaims de limaçons ; dans les années sèches , mes récoltes étoient maltraitées par les mulots , rats , souris , &c. Depuis que tout le terrein est mis en bonne culture , je n'éprouve plus aucune incommodité de la part de toutes ces vermines.

On m'objectera peut-être que dans des terres cultivées , & qui ne sont point environnées de friches , on est quelquefois sujet aux mêmes ravages. Je conviens de cela ; & la raison n'en est pas difficile à trouver. Une terre cultivée & une terre bien cultivée ne sont pas la même chose. Si le labour ne fait qu'égratigner la terre , ou si des labours plus profonds ne sont pas faits avant ou pendant l'hiver , il est sûr qu'on n'a pas travaillé fructueusement à détruire les animaux dont je viens de parler. Je pourrois assurer , sans crainte de me tromper , que les terres dont il s'agit , & qui sont encore infectées de vermines , ne sont pas bien cultivées.

Les friches ne sont pas la seule cause de la production des insectes qui dévorent les fruits de la terre. Les fumiers

nouveaux enterrés souvent avec la semence, produisent une infinité d'insectes
destructeurs. On est dans le mauvais usage
dans quelques provinces de ne fumer les
terres qu'au dernier labour ; plusieurs
mêmes enterrent le bled avec des fumiers
qu'on vient de tirer de dessous les bestiaux. Ne devroit-on pas savoir que ces
fumiers, qui ne font aucun corps avec
la terre, qui sont pleins de feu, feront
éclore tous les œufs qu'ils contiennent
ou qui se trouvent dans la terre. Ces insectes se répandent ensuite dans le voisinage, & y laissent des traces de leur vo-
racité. Toutes ces choses sont fondées
sur l'expérience. Lorsque des chevaux
ont passé dans un terrein, & qu'ils y ont
déposé leurs crottins, on est assuré, si
c'est dans le temps des chaleurs, de trouver une demi-heure après une grande
quantité d'insectes qui viennent d'éclore
par le moyen de la chaleur du fumier qui
s'est trouvé augmentée par celle du soleil. On avoit planté chez moi en 1766
un quarré de choux dans un terrein où il
n'y avoit pas plus d'un mois qu'on y
avoit mis du fumier mal consommé. Les
choux de ce quarré furent infectés de
chenilles, pendant que les autres dans le
même jardin en étoient exempts.

L 4

Observations sur les Troupeaux;

PAR LE MÊME.

J'ai toujours remarqué que dans les pays où chaque fermier ou laboureur avoit un berger pour garder son troupeau, il arrivoit très-souvent que les bergers voulant profiter les premiers de l'herbe qui se trouve dans les champs, s'empressoient de faire sortir leurs troupeaux, quoique les pâturages se trouvassent encore chargés de rosée ou de différentes vapeurs ou mauvaises influences de l'air, ce qui occasionne les diverses maladies des moutons, brebis ou autres bestiaux. J'ai au contraire observé que lorsque dans un village il n'y avoit qu'un berger commun pour garder les troupeaux de tous les fermiers ou laboureurs, ce berger sachant qu'aucun autre berger ne fera manger son pâturage, ne se presse pas de faire sortir ces animaux, & donne le temps à l'herbe de se sécher, soit par l'air, soit par le soleil. Le troupeau conduit par un berger commun qui a plusieurs maîtres, est toujours mieux traité ; d'abord plusieurs fermiers & laboureurs ensemble sont plus capables de juger de la capacité d'un berger. D'ailleurs, ce berger ne peut être que fort exact à son devoir, parce qu'ayant plusieurs maîtres, ce que l'un n'observe pas, l'autre s'en apperçoit ; ainsi rien n'est plus avantageux pour des fermiers ou laboureurs, lorsqu'ils ne sont pas dans le cas d'avoir un troupeau au moins de 100 à 150 bêtes, de se réunir pour les faire garder en commun. En vain nous dira-t-on qu'un laboureur étant forcé de faire garder son propre bétail, il en aura bientôt davantage. Ceux qui pensent de cette manière ne connoissent pas la manutention d'une ferme ; tels fermiers ou laboureurs qui n'ont des ter- res pour une charrue que 12 à 15 arpens par sols, ne peuvent & ne doivent avoir des vaches, moutons ou brebis que la quantité que ces terres ou pâturages peu- vent fournir de nourriture à ces animaux ; dans le pays où je fais valoir trois fer- mes, dans l'Isle-de-France & la bonne Brie où j'ai fait valoir, cela s'y pratique ainsi ; il n'est pas même permis à un fer- mier ou laboureur d'avoir plus d'une bête & demie par arpent. S'il n'y avoit pas de règles, combien de fermiers & labou- reurs qui feroient manger les pâturages d'autrui !

L 5

A l'égard de la division des terreins &
pâtures vagues qu'on propose, elle est
impossible, même impraticable. Quand
même cette division seroit faite, & que
chaque fermier auroit son canton dési-
gné, comment pourroit-il conduire son
troupeau sans qu'il arrivât très-souvent
qu'il le fît passer sur le terrein d'un autre ?
L'expérience m'a appris & m'apprend
tous les jours, que le parcours commun
du troupeau, est ce qu'il peut y avoir
de plus avantageux pour la bonne nourriture de ces animaux ; je soutiens même
que c'est la meilleure nourriture & la
plus saine qu'on puisse leur procurer
même pendant l'hiver, lorsqu'on a soin
de ne les faire conduire dans les champs
qu'après les avoir enfourrés des fourrages
secs des différentes récoltes des grains. En
vain nous dira-t-on aussi que le parcours
de ces animaux les fait périr lorsqu'ils ne
trouvent pas beaucoup d'herbe dans les
champs pour y pâturer : il faut pour la
santé de ces animaux qu'ils prennent l'air,
qu'ils se promènent ; tout ce qui existe
dans la nature, veut respirer. Un troupeau très-nombreux qui auroit passé &
pâturé dans un herbage très-fort, & qui
l'auroit foulé aux pieds, ne l'a pas entièrement gâté, puisque dès le lendemain

il n'y paroîtroit plus , parce que la rosée & les pluies seroient capables de le faire relever. Cet herbage ne se trouveroit très-souvent que plus vif, par le peu d'engrais que le troupeau y auroit répandu en y passant ; les terreins qui servent de communaux , lorsqu'ils sont de nature à servir de pâture , n'ont été établis que pour nourrir les divers bestiaux pendant les temps que les productions des différentes récoltes se font ; aussi les récoltes en étant faites , tous ces bestiaux se répandent , soit dans les terreins où l'on a fait la récolte des foins , soit dans les terres où on a coupé les différentes récoltes des grains. J'ai toujours vu que les bestiaux étoient très - bien nourris de ces pâturages pendant près de trois mois après les récoltes , sans avoir eu besoin de les alimenter des fourrages secs des granges , à moins que dans les jours de pluie on ait eu besoin d'y avoir recours. Il est donc constant que tous les fermiers & laboureurs qui n'auront pas une certaine étendue de terrein ou autres héritages pour avoir une quantité de bestiaux , feront toujours très-bien de se réunir ensemble pour faire garder leurs troupeaux par un seul berger. Ils épargneront par-là beaucoup d'argent , leur troupeau en

fera mieux, &, étant raſſemblé, il n'y
aura point de délit ſur les terreins enſemencés ; d'ailleurs, le berger commun
eſt ordinairement un homme entendu &
très-capable de bien conduire ſon troupeau, au lieu que ſi l'on eſt obligé de ſé-
parer les troupeaux, il faut pluſieurs
bergers ; & comme les fermiers qui n'ont
qu'un petit troupeau, ne prennent ſouvent pour le conduire qu'un enfant, afin
de n'avoir pas à payer de gages plus conſidérables que ne lui rendroit ſon troupeau, il arrive qu'il eſt très-ſouvent mal
conduit & en très-mauvais état ; je ſais
par expérience qu'un troupeau bien conduit & alimenté ſainement, n'eſt ſujet à
aucunes des maladies qui ne ſont que
trop communes à ces animaux. J'ai ac-
tuellement un troupeau de plus de 300
bêtes, tous leurs pâturages ne conſiſtent
qu'en parcours des terreins ſur leſquels
on a fait les différentes récoltes des
grains, & ſur ceux en jachères, avec
les fourrages ſecs des granges, voilà leurs
nourritures ; ces animaux, tant moutons,
brebis qu'agneaux, ſe portent très-
bien, leurs chairs ainſi que leurs laines
en ſont de bonne qualité. Il réſulte donc
de ce que je ſuis en état de démontrer,
que l'on peut, ſans prairies naturelles &

artificielles & sans herbages , faire des
élèves ; que dans les pays où toutes ces
prairies sont analogues aux terreins &
climats , les différens bestiaux doivent
encore être plus abondans & encore mieux
alimentés. Je finis en observant que le
ministère a tellement reconnu l'importance
d'un berger commun, que lui seul est
exempt de milice , pendant que les autres
bergers y sont sujets.

Moyen pour fertiliser les arbres fruitiers , &
les garantir des vermines & insectes qui
les font souvent périr.

PAR LE MÊME.

Personne n'ignore les effroyables ravages que font les vermines & insectes
aux arbres fruitiers & aux autres productions des plantes. On sait, par une funeste expérience, que lorsque les fourmis
ont attaqué un pêcher , elles le font
mourir. Il étoit donc naturel de chercher
un remède contre de si grands maux.
Après différens moyens que j'ai employés
pour me délivrer d'ennemis si dangereux , voici celui qui m'a réussi.

Ayez un tonneau qui contienne environ 240 pintes d'eau ; mettez dans ce ton-

neau un demi-boisseau de crottins des pigeon, autant de celui de brebis, autant
de celui de poule, un demi-boisseau de
bouse de vache, & même quantité de
crottins de cheval, ajoutez-y un boisseau de suie de cheminée ; faites bouillir
du genêt ou autres plantes fortes dans de
l'eau de lessive ; lorsque les plantes seront bien cuites, retirez-les, & jetez votre lessive ainsi imprégnée du suc des
plantes, dans le tonneau où sont les ingrédiens nommés ci-dessus ; remuez le
tout pendant quatre ou cinq jours. Lorsque cette lessive aura bien fermenté,
vous pourrez vous en servir.

Lorsque vous vous appercevrez qu'un
arbre est malade, vous en arroserez le
pied avec cette lessive, & vous en répan-
drez une quantité suffisante pour qu'elle
puisse pénétrer jusqu'aux racines. Vous
pouvez aussi en asperger les branches &
les feuilles, si vous vous appercevez que
les fourmis ou autres insectes s'y soient
attachés. Si l'arbre est bien malade &
qu'il ait langui tout l'été, on doit au
mois d'octobre ou de novembre faire une
espèce de bassin autour de l'arbre, & y
mettre le marc qui est resté au fond du
tonneau.

Si l'on s'appercevoit qu'un arbre fût

trop attaqué d'insectes, & qu'on n'eût pas le temps de préparer la lessive dont je viens de donner la recette, on pourroit, en attendant qu'elle fût prête, saupoudrer simplement l'arbre avec de la suie de cheminée ; mais, afin que cette poussière ne fût point emportée par le vent, il seroit à propos de faire cette opération pendant que la rosée est encore sur les feuilles, ou après la pluie. On peut répéter cette opération, lorsque les pluies ont entièrement lavé les feuilles. On doit être assuré que les insectes abandonneront bientôt l'arbre.

On peut employer la lessive ci-dessus pour toutes sortes de plantes. Si l'on veut s'en servir pour en imprégner toutes espèces de graines, on sera assuré de les mettre par ce moyen à l'abri des pucerons & autres vermines ; elles donneront d'ailleurs de plus belles & de meilleures productions. Cette lessive sert en même temps d'engrais & de remède contre les maladies des plantes & contre les vermines.

Sur les labours faits par les chevaux & par les bœufs.

PAR LE MÊME.

Toutes les fois qu'on voudra renverser l'ordre établi par la nature, on s'exposera à perdre le fruit de ses peines & de ses dépenses ; c'est donc vouloir courir ces risques que d'entreprendre d'élever des bœufs & des vaches sous des climats & dans des pays qui ne leur sont pas convenables. De ce que dans telle ou telle province on élève une grande quantité de bestiaux, sera-t-il raisonnable d'en conclure qu'on peut en élever de même dans toutes les provinces du royaume ? Examinez avec attention le pays où vous admirez avec raison cette grande quantité de bestiaux bien nourris & très-sains ; si votre climat, la nature de votre sol, la qualité de votre pâturage sont semblables en tout au pays où l'on fait de si belles élèves, vous pourrez former une pareille entreprise, & il est certain que vous réussirez. Ce ne doit donc être que sous les climats, & dans les terreins où les herbages sont naturels & propres aux bœufs & aux vaches, qu'il paroît convenable

d'employer ces animaux pour le labourage & les autres travaux ruftiques. Je
préférerois cependant, je l'avoue, l'ufage
des chevaux pour tous les travaux de la
campagne. 1°. Parce qu'avec la moitié
moins de chevaux & la moitié moins
d'hommes on fera beaucoup plus d'ouvrage. 2°. Que cet ouvrage fera plus régulier & mieux fait qu'avec des bœufs, d'où
il en réfultera une récolte plus abondante
& des grains d'une meilleure qualité.

Plus les récoltes feront abondantes,
plus on fera en état d'élever des bœufs,
vaches, moutons, agneaux, car avec ce
qu'on retirera des différentes productions
de la terre & avec les jachères, on fournira facilement une nourriture faine &
folide aux beftiaux de différentes efpèces,
& l'on ne s'appercevra pas de ce qu'ils
coûtent à nourrir : je dis plus, on trouvera
que le profit qu'on en retirera, l'empor-
tera au moins de moitié fur la dépenfe.

Il n'eft donc pas néceffaire de faire
labourer les bœufs ou les vaches pour en
faciliter la multiplication. Il feroit au
contraire très-facile de prouver que les
travaux prefque toujours forcés qu'on
leur fait faire, ne tendent fouvent qu'à
la deftruction de l'efpèce, ou à la rendre
très-rare.

Si l'on m'objecte qu'il n'y aura pas assez de chevaux pour les travaux de la campagne, je répondrai qu'en mettant en valeur tous les marais & landes que je connois en Normandie, en Bretagne, en Flandres & ailleurs, on aura plus de pâturages & de fourrages pour élever une très-grande quantité de chevaux. Après les avoir fait labourer pendant deux ou trois ans dans un terrein aisé & doux, on les vendroit le double de ce qu'ils auroient coûté, parce qu'alors ils pourroient être employés à des ouvrages plus forts, ou à remonter la cavalerie.

Je puis assurer ceux qui voudront faire cette expérience, qu'ils dépenseront beaucoup moins en labourant avec des chevaux qu'avec des bœufs ; qu'ils auront de meilleures récoltes, pourvu qu'ils veuillent cultiver suivant les véritables principes de l'agriculture.

Différentes causes du versement des bleds.

PAR M. DE SUTIÈRES.

Les principales causes du versement des bleds sont:

1°. La mauvaise forme des labours. Si l'on laboure à plat, comme on a coutume de faire dans plusieurs cantons, on expose le terrein à conserver toutes les eaux des pluies qui délayent la terre. La plante de bled n'étant plus retenue aussi solidement qu'elle devroit l'être, est renversée à plat par les pluies orageuses ou les grands vents, & ne peut plus se relever. Il arrive souvent que si le terrein est mal cultivé, les mauvaises herbes dominent le bled, le retient encore plus par terre, de façon que les pailles se rouillent, & broyent l'épi; il arrive souvent qu'un orage pendant lequel il tombe une grosse pluie, détrempe le pied de la plante du bled, qui, se trouvant presque déraciné, est versé à plat par le vent, parce que les eaux n'ont pu filtrer aussi vite qu'elles étoient tombées, & le liseron qui s'attache aux pailles, le retient encore davantage, & les fait bruiner ainsi que l'épi.

2°. La trop grande quantité d'engrais.

On a vu plus haut tous les inconvéniens qui en résultent. Il est certain que dans un terrein trop gras la plante de bled devient foible, maigre, & ne peut supporter les intempéries des saisons. Je renvois au chapitre où il est traité des engrais.

3°. La mauvaise méthode d'enterrer le grain avec la charrue. En suivant cette pratique il arrive qu'il y a beaucoup de semences qui ne sont enterrées ni régulièrement ni suffisamment. Il s'en trouve qui sont à peine couvertes de terre, pendant que d'autres le sont trop. Celles qui sont, pour ainsi dire, sur la superficie de la terre, ne peuvent former une bonne racine, & par conséquent la plante est sujette à être renversée à plat (1); ce qui arrive presque toujours.

4°. Les bleds sont encore dans le cas de verser, si l'on n'a pas eu égard à la qualité du sol, & qu'on ait mis du pur froment dans une terre qui ne pouvoit

---

(1) Il faut distinguer un bled qui n'est que courbé d'avec celui qui est versé à plat. Un petit vent frais, un rayon du soleil releveront le premier, & l'autre restera toujours couché.

Dans un terrein cultivé suivant les bons principes, & labouré en planches bombées, les plantes se releveront d'elles-mêmes, parce qu'elles ne seront que courbées.

produire que du méteil ou du bled ramé ;
je renvoie encore aux principes qu'on a
vu ci-devant fur cet article. Il faut encore
bien prendre garde de fermer trop chaque raie des planches en donnant le dernier labour pour femer, parce que la femence ne trouvant pas la terre bien ameublie entre chaque raie, elle ne peut y
être enterrée régulièrement, & cette partie feroit fujette à verfer.

On peut être affuré qu'en fuivant mes
principes de point en point & très-fcru-
puleufement, les bleds ne verferont jamais, & qu'ils n'auront rien à craindre
des intempéries des faifons, excepté de
la grêle, dont il eft impoffible à l'homme
de fe garantir.

Il s'agit donc de donner la quantité de
labours qui font indiqués dans cet ouvrage ; de les faire dans les faifons mar-
quées ; d'obferver la profondeur & la
forme de ces mêmes labours ; de ne mettre, en temps convenable, que la quantité
d'engrais fuffifante à chaque terrein, &
qui lui foient analogues, de chauler les
femences ; de ne confier à chaque nature
de terre que les grains qu'elle peut porter, & de ne femer que la quantité qui
lui convient ; enfin, d'enterrer ces grains
avec la herfe, & non pas avec la char-

rue. Tels sont mes principes en général.

Si les bleds sont trop forts en herbes, il faut *les effleurer* ; ce qui produit un excellent fourrage en verd pour les vaches. On peut encore avant ce temps y mettre les moutons & même les vaches ; mais cette opération doit se faire avant le mois de mars.

J'ai oublié d'observer que si l'on mettoit du bled dans une bonne terre nouvellement défrichée, on risqueroit de le voir entièrement versé, parce qu'un terrein trop gras & trop nourri de bons sucs feroit épousser la plante, qui ne produiroit que des pailles vuides, foibles & sans consistance, & des épis maigres. C'est ce qui arrive dans un sol où l'on a mis trop d'engrais, comme je l'ai déjà dit.

Il faut donc semer dans ces terreins nouvellement défrichés de l'avoine dans les premières années ; & s'ils étoient encore trop gras, il seroit à propos d'y mettre de l'orge. Ce grain viendra à bout d'en épuiser le superflu des sels & des sucs, & réduira la terre à l'état où elle doit être pour rapporter de bons fromens. Ce seroit agir contre les vrais principes de l'agriculture, que de commencer par semer de l'orge dans un terrein nouvellement défriché : je le répète, l'avoine est

ce qui lui convient le mieux, & il ne
faut avoir recours à l'orge que dans le
cas qui vient d'être indiqué.

Je ne puis m'empêcher de blâmer la
méthode de ceux qui fèment le bled par
rangée, & qui laiſſent un intervalle ſans
ſemence, afin de pouvoir au printemps
ſarcler les terres & donner un binage aux
plantes de bled ; ils perdent par ce moyen
un terrein utile. Si leurs terres étoient
bien cultivées, elles ne ſeroient pas dans
le cas de mauvaiſes herbes ; mais, comme ce cas n'arrive que trop ſouvent,
voici un moyen moins diſpendieux que
le premier. Il faut avoir recours à la herſe,
& en donnant plus ou moins de dents,
on arrache les mauvaiſes herbes, & on
ameublit le ſol ; on renverſe enſuite cette
herſe qu'on fait repaſſer ſur les plantes, afin de les rechauſſer & de les ra-
fermir.

Je ne m'amuſerai pas à réfuter le ſyſ-
tême de ceux qui conſeillent de relever
les bleds verſés. On ſent aiſément la dif-
ficulté, pour ne pas dire l'impoſſibilité
d'une telle opération. Les bleds qui ſont
dans cet état ſont tellement mêlés, qu'on
ne pourroit tenter de les relever qu'en
briſant un grand nombre de pailles & en
égrainant la plupart des épis. Il vaut donc

mieux employer les moyens qui peuvent empêcher les bleds de verfer.

Précautions à prendre pour faire la moiſſon dans les temps de pluie.

PAR LE MÊME.

Si l'on fuivoit exactement mes principes de culture, on ne feroit point embarraffé pour faire la moiſſon dans les temps de pluie, parce que rien ne gêneroit en faifant la récolte. Comme il n'y auroit point de mauvaifes herbes, il ne feroit pas néceffaire de mettre le bled en javelle. On pourroit donc hâter la moiſſon, en faifant enlever le bled auſſi-tôt qu'il eſt coupé ; & fi la pluie étoit forte, on difcontinueroit l'ouvrage, parce que l'épi qui eſt fur pied n'eſt pas dans le cas de germer. Pendant cette interruption on occupe les ouvriers à autre chofe, & l'on a foin de profiter des momens de beau temps pour reprendre la moiſſon. On peut encore pendant la pluie faire couper les avoines, qu'on laiſſe enfuite javeler. On fait qu'elles fe coupent mieux dans un temps de pluie que dans un temps très-fec, & que la pluie leur donne de la qualité. Il eſt bon d'obferver

que

que les fermiers ne prennent pas souvent
affez de monde pour la moiffon, d'où il
arrive que la récolte eft plus longue à
faire, ce qui peut caufer un grand pré-
judice, fur-tout fi la faifon eft pluvieufe.
Il faut dans ces mauvais temps beaucoup
de célérité.

J'ai coutume, dans ces circonftances,
de faire lier mon bled en gerbes auffi-tôt
qu'il eft coupé, & de faire un tas de dix
gerbes. Etant ainfi arrangées, elles ne
craignent plus la pluie, & s'il furvient
un intervalle de beau temps, on raffemble
toutes ces gerbes, & l'on en forme alors
une meule qu'on couvre avec des pailles de feigle, de froment ou du chaume.

La méthode fuivie, dit-on, en Angleterre & en Irlande pour la moiffon en
temps de pluie, & préconifée dans la
Gazette d'Agriculture, n°. 69 de cette
année 1770, page 62, ne doit point être
adoptée à caufe d'un grand inconvénient
qui doit en réfulter. « Il faudroit, eft-il
» dit dans cet article, qu'à mefure que le
» moiffonneur coupe le bled d'un fillon,
» on fît des gerbes la moitié moins gran-
» des qu'à l'ordinaire (1), en recouvrant

------

(1) On a voulu fans doute dire moins groffes.

M

» les épis, & les faisant rentrer dans les
» gerbes mêmes, &c. » Quel est l'agriculteur qui ne sent pas, qu'en repliant
l'épi dans les gerbes, on s'expose à faire
égrainer les épis, & par conséquent à
perdre beaucoup de grains? Par quelle
manie singulière veut-on toujours que
les Anglois nous soient supérieurs en
tout ? comme si nous ne l'emportions
pas sur eux en plusieurs choses. On prétend que leur agriculture l'emporte de
beaucoup sur la nôtre. Cependant, de tout
ce que j'ai lu dans les différentes gazettes
au sujet de l'agriculture, il n'y a pas un
article qui puisse être adopté par ceux qui
connoissent les bons principes de la culture. J'ai déjà réfuté plusieurs de leurs
procédés. Il n'y a qu'à observer qu'ils ont
souvent de mauvaises récoltes ; que leurs
grains sont sujets à la carie, à la nielle,
au charbonnage, &c. que leurs bestiaux
sont attaqués de diverses maladies, &c.
& l'on conclura que leur agriculture
n'est pas aussi parfaite qu'on se l'imagine.
Depuis 1742, je n'ai eu aucune mauvaise récolte, mes bleds ont toujours
été sains, & mes bestiaux ne se font point
ressentis des épizooties. J'ai des témoins
de ce que j'avance , & je suis en état
de les produire si on l'exigeoit. D'ailleurs

je connois la culture des Anglois, &
c'est par cette raison que j'ose soutenir
que la mienne vaut beaucoup mieux. Je
suis certain qu'ils ne l'adopteront pas ;
car ils ne veulent rien tenir des François.

Puisque le nouvel auteur de la Gazette
vouloit annoncer un moyen de mettre
les récoltes à l'abri des pluies, il pouvoit
le faire sans avoir recours aux Anglois.
Il n'avoit qu'à publier de nouveau la méthode que M. Ducarne de Blangi a fait
insérer dans la Gazette, n°. 50, de l'année 1766, & qui est en usage dans la
Thiérache, le Hainault & ailleurs. On la
trouve encore annoncée dans une des
Gazettes de l'année 1769. Elle est bien
supérieure à celle des Anglois, puisqu'il
n'en résulte aucun inconvénient.

Lettre de M. Pannelier, seigneur d'Annel près de Compiègne (1), à M. Sarcey de Sutières, ancien gentilhomme servant du roi, auteur de l'Agriculture expérimentale.

Pendant le voyage que je viens de faire, Monsieur, dans ma terre d'Annel, j'ai examiné les cent mines de terres que vous avez eu la bonté de me faire labourer & semer en bled au mois d'octobre dernier, suivant les principes & la méthode que vous annoncez dans votre *Agriculture expérimentale*. Mes bleds, quoiqu'ils ne soient qu'en herbe, sont plus beaux, & ont beaucoup plus d'apparence que tous ceux de mes voisins. Il manquoit peut-être à mes terres une partie des engrais qui leur auroient été nécessaires ; mais du moins au lieu de la charrue à *tourne-oreilles* ; au lieu de faire labourer à plat, & de faire enterrer la semence avec la charrue, les labours ont été faits avec la charrue de

_____

(1) Cette lettre est de l'année 1766, & a été imprimée à la tête de la Réfutation à la critique de l'*Agriculture expérimentale*.

Brie, & en planches plus ou moins bombées, suivant que les terreins étoient
plus ou moins humides, & la semence
chaulée, ainsi que vous l'aviez indiqué,
a été enterrée à la herse. Ainsi c'est sin-
gulièrement à ces opérations que je crois
devoir la belle apparence de mes bleds,
apparence assez sensible pour fixer l'attention de mes voisins, dont plusieurs se
préparent déjà à adopter les charrues de
Brie & votre méthode. Mais quelle
qu'elle soit, j'espère parvenir l'année
prochaine à quelque chose de mieux,
parce que mes charretiers mieux exer-
cés à votre méthode, la suivront plus
exactement & avec plus de succès.

Vous aviez bien raison, Monsieur, de
me dire que la charrue de Brie bien faite,
plus ou moins forte suivant les terreins,
étoit seule capable de former tous les labours nécessaires & convenables : du
moins je me crois suffisamment autorisé
à le soutenir avec vous, puisque cette
charrue a également réussi sur toutes mes
terres. En effet, elle retourne beaucoup
mieux la terre, la renverse, & la place
au gré de celui qui laboure. Mais, outre
cet avantage inappréciable, qui par conséquent devroit seul la faire adopter
quand même son opération seroit plus

longue, elle en réunit un second auſſi eſtimable, qui eſt au contraire d'abréger l'ouvrage; car il eſt certain que mes charretiers en font dans le même temps au moins un quart de plus avec cette charrue qu'avec celle à tourne-oreilles. C'eſt pourquoi on pourroit la nommer *la charrue économique*, puiſque labourant plus de terre dans le même temps, on peut augmenter les labours ou diminuer le train.

Je viens de faire labourer avec la même charrue toutes mes terres à enſemencer en mars, comme vous le preſcrivez dans votre Agriculture expérimentale. Ces labours ayant été faits plus régulièrement que par le paſſé, j'eſpère que ma récolte ſurpaſſera de beaucoup celle de l'année dernière, qui, quoique foible en elle-même, s'eſt encore trouvée abondante en comparaiſon de celles de tous mes voiſins.

Quant à mes prés, n'ayant pu, à cauſe des fortes gelées, les faire herſer cet hiver après la neige, j'ai, auſſi-tôt que le dégel eſt ſurvenu, fait rabattre les taupières, & donner pluſieurs dents de herſe, tant pour en arracher la mouſſe que pour la bien mêler avec la terre des taupières & les différens engrais des bestiaux qui vont y pâturer. Comme dans le printemps le sol de ces prés est extrêmement meuble, on ne s'est servi que de la herse à dents de bois : ce qui a parfaitement réussi, & a donné un binage à mes prés, sur lesquels on a passé la même herse à l'envers pour les poutrer, en rétendre la terre & rechauffer la racine.

A l'égard des défrichemens j'éprouve tous les jours que la manière que vous prescrivez dans votre livre, est, non-seulement la plus fructueuse, mais encore la moins dispendieuse de toutes.

Je ne vous demande point comment font vos bleds ; les miens me disent assez en quel état font les vôtres. Le succès de notre premier essai est pour moi en particulier la preuve démonstrative du mérité de toutes vos opérations, & la conviction des principes & de la méthode qui les dirigent, malgré la critique que quelques-uns de vos jaloux ont fait insérer dans le *Journal économique* du mois de juin 1765. Vous avez sans doute connoissance de cette critique, qui est & sera vraisemblablement la seule ; tous les auteurs des journaux & feuilles périodiques qui ont parlé de votre livre, vous ayant rendu la justice qui vous est due

à tant de titres. Tous ces titres vous au-
torisent, vous invitent, vous obligent
même, comme citoyen, à continuer d'é-
clairer l'art de l'agriculture.

En effet, dans cet art le préjugé ou
l'usage (bon ou mauvais) du pays dé-
cide ordinairement les opérations du laboureur, & au surplus il ne s'occupe pas
à instruire ; d'un autre côté, on peut dire
que ceux qui ont voulu instruire jusqu'à
présent n'ont jamais opéré. Qui donc
écouter ? A qui appartient-il de donner
des principes, de prescrire une méthode,
si ce n'est au citoyen éclairé, que son
goût pour l'agriculture a conduit à se
faire laboureur, & auquel sa position &
ses facultés ont permis d'expérimenter
par lui-même pendant plus de vingt-ans,
& cela, non pas sur un clos de quelques
arpens, dans des jardins, mais sur des
corps de fermes de plusieurs charrues,
par conséquent sur des terres de toute
nature?

Faites donc paroître, je vous prie
Monsieur, la deuxième édition de votre livre, en y ajoutant les articles qu'il
fait desirer, & que vous nous avez pro-
mis d'insérer.

J'ai l'honneur d'être, &c.

Réponse à la Lettre précédente.

MONSIEUR,

JE suis très-flatté du succés de nos expériences. Comme j'en étois sûr, il ne m'a point surpris. Vous reconnoîtrez de plus en plus l'utilité de ma méthode & la vérité de mes principes. Il en sera de même de toutes les personnes de bonne-foi, qui voudront les mettre en pratique au lieu de chercher à les décrier, parce qu'ils choquent les leurs, ou par une basse jalousie.

On m'a fait lire la prétendue censure (1) du *Journal économique*, & j'avois fermement résolu de n'y faire aucune réponse, parce qu'en vérité elle n'en mérite point. Mais tant de personnes m'ont répété que les plus mauvaises objections passoient pour confirmées par notre silence, & quand on les laissoit sans replique, que je me suis déterminé à en faire une, mais très-sommaire.

---

(1) Cette critique est de M. Dupont, qui donnoit alors quelques morceaux pour être insérés dans le Journal économique.

Je songe très-sérieusement à faire un nouvel ouvrage, où mes principes seront plus développés (1). Ce n'est pas pour me départir d'aucun des principes que j'ai avancés, puisque mon prétendu critique, loin d'avoir fait aucune objection qui les combatte solidement, n'a sûrement pu persuader que ceux qui ne sont point en état de m'entendre, ou gens déterminés à ne m'entendre jamais; mais c'est pour l'étendre, & y ajouter bien des choses qui m'ont été demandées.

Je suis, &c.

*Réponse à l'auteur de l'extrait de l'*Agriculture expérimentale (2), *insérée dans le Journal économique du mois de juin 1765* (3).

Le début de votre extrait, Monsieur, en annonce d'abord assez nettement l'esprit & le motif, puisqu'on ne peut con-

---

(1) *L'École d'Agriculture pratique* est l'ouvrage dont M. de Sutières veut parler.

(2) L'édition de cet ouvrage est entièrement épuisée, & ne sera pas réimprimée.

(3) Cette réponse de M. de Sutières a été imprimée en 1766.

clure autre chofe, finon que mon ouvrage ne contient que des inutilités ou des
chofes pernicieufes : car point de milieu,
felon vous. Si l'on vous en croit, je n'ap-
prends que des chofes connues & très-
inutiles, ou je donne des confeils dangereux. C'eft dans cet efprit de modération que vous prétendez éclairer le public
fur la nature de mon livre. Permettez-
moi d'examiner à mon tour, & de pefer au
poids du bon fens, la juftesse de votre
cenfure.

Je vous le demande, Monfieur : que
connoissez-vous de plus fûr que l'expérience ? Quelle théorie, fi favante que
vous vouliez l'imaginer, lui fut jamais
comparable ? C'eft la première queftion
que j'ai à vous faire. Si dans le genre dont
nous traitons, il eft quelque chofe d'inutile, ce font tous ces récits fpéculatifs qui
fe multiplient tous les jours, & parmi lefquels je comprends, comme de raifon,
le fameux livre de M. *de Létang*, puifque
ces ouvrages ne peuvent être abfolument
d'aucun ufage à ceux pour qui l'on prétend écrire, les gens de la campagne
d'une part n'étant point à portée de les
entendre, ni même de les lire, & la plupart de ceux qui les liront, n'étant point
en état d'en profiter, s'ils ne font point

M 6

cultivateurs. Ce raisonnement positif vaut bien le dilemme que vous faites, & qui n'y répond point du tout. J'y joins encore cette proposition, que j'érigerai, si vous voulez, en thèse ; c'est qu'un livre usuel, aussi simple que le mien, & à la portée de tous les lecteurs, est infiniment plus utile que les plus sublimes spéculations en ce genre.

Cependant, pour ne pas adopter beaucoup d'ouvrages purement théoriques, & des systêmes de cultivation que je reconnois tous les jours être contraires à l'expérience, je ne rejette pas indistinctement tous les livres d'agriculture sur certaines matières. Il en est quelques-uns que j'accepte, en très-petit nombre à la vérité ; mais comme je ne veux en citer aucun, personne ne pourra s'offenser de la préférence.

Il seroit sans doute à souhaiter qu'il y eût une école de labourage : elle tiendroit lieu de tous les livres, & les rendroit inutiles. Mais il faudroit que cette école fût confiée non à des spéculatifs sans expérience, qui de leur cabinet veulent gouverner la campagne, mais à des hommes expérimentés & pratiqués.

De ce que je dis, qu'appuyé sur ma seule expérience je réussis toujours dans

l'exploitation de mes fermes, s'ensuit-il,
& peut-on jamais en conclure que l'expérience n'ait besoin ni d'intelligence, ni
de lumières ? Comment profiter, sans
cela, de l'expérience ? Votre logique,
Monsieur, est une chicaneuse, & manque ici sur-tout de justesse. Vous ajoutez que *je n'ai donc eu que ce qu'on appelle du bonheur*. Voilà comment parlent
les paysans de mon voisinage : ils con-
cluent des procédés qui me réussissent,
que j'ai du bonheur. Je vous félicite,
Monsieur, de penser comme eux. Mais
pourriez-vous m'expliquer mieux que
ces gens-là ce que signifie, en fait de culture, *avoir du bonheur ?*

Vous tranchez dédaigneusement sur
tout ce que je dis des maladies des bestiaux, & de leurs causes les plus ordinaires ; mais couvrir d'un ton de mépris
le défaut des moyens qui nous man-
quent, n'est point critiquer. Je n'ai fait
que rapporter des faits qui ne sont pas
particuliers à moi seul, puisque j'y joins
d'autres exemples. Or vous, Monsieur,
qui paroissez si savant, au moins en spé-
culation, tâchez, je vous prie, de m'expliquer pourquoi, conformément à mes
observations & à mes usages, mes bestiaux sont constamment & persévéram-

ment préservés de ces maladies, tandis que ceux de mes voisins, sous le même ciel & dans le même sol, en sont presque toujours atteints ? Un seul fait prouve plus que tous les raisonnemens du monde. Vous n'avez que la voie de nier les faits, & moi de les soutenir contre vos négations, soit en invoquant le témoignage de ceux qui sont à portée de voir ces différens bestiaux & de comparer, soit en vous interpellant de vous assurer par vos propres yeux du véritable état des choses.

Vous me dispenserez de répondre à toute l'érudition que vous avez empruntée des auteurs anglois & d'autres, elle est absolument étrangère ici : *Jam dic*, *Posthume*, *de tribus capellis*.

Je suis fâché, Monsieur, que vous ne connoissiez qu'une sorte de rouille. Si vous connoissiez mieux la campagne, vous sauriez que la rouille rousse, ou la rouille proprement dite, vient d'en-haut ainsi colorée, & provient de l'air, des brouillards, des intempéries, &c. mais ce que j'appelle *rouille blanche*, faute d'un terme plus intelligible, est une exhalaison de la terre même, plus ou moins forte, suivant le plus ou moins de graisse ou d'humidité du terrein.

Ceux qui ont reconnu que la *Clavelée*

des moutons étoit une maladie interne qui a beaucoup d'affinité avec notre petite vérole, & qu'elle est l'effet d'un levain renfermé dans le sang qui se développe, peuvent être d'habiles spéculatifs. Mais pourroient-ils rendre raison du phénomène suivant ? Comment se fait-il que, toutes les fois que j'ai acheté des moutons en foire d'un même troupeau & d'un même marchand, dont plusieurs fermiers de mes cantons s'en étoient aussi pourvus, les miens ont été préservés du claveau qui a infecté les autres cinq ou six mois après ?

C'est encore un fait d'expérience, qu'il règne parmi les paysans des épidémies, dont la cause provient souvent de leur nourriture, c'est-à-dire, d'avoir mangé des bestiaux morts de quelque mal épidémique. Or, ceci ne fait que confirmer la cause que j'assigne à ces maladies des bestiaux, mais qui n'influe que secondairement sur les hommes, lorsqu'ils mangent de cette chair infectée, parce qu'ils ne broutent point, comme les animaux, l'herbe même qui fait sur les derniers son effet immédiat.

Il faut y avoir bien peu réfléchi, pour m'objecter de la contradiction, lorsque je dis qu'il faudroit empêcher la vente des grains gâtés pour la nourriture de l'hom-

me, mais qu'ils peuvent servir à celles
des volailles & des cochons, qui, cons-
titués bien autrement que nous, n'en font
jamais incommodés. C'est un autre fait
d'expérience, qu'il est étonnant que vous
ignoriez. Vous n'avez donc, Monsieur,
jamais vu de basse-cour ? Ne savez-vous
pas que toute volaille mange des charo-
gnes, & n'en profite que mieux ; que la
ponte même des poules qui en vivent, est
plus abondante & plus suivie ? Ignorez-
vous que les cochons mangent toutes
sortes d'ordures, & qu'on ne s'en nourrit pas moins sans danger ? Si je voulois
me parer d'un peu de physique, je ren-
drois bien plus sensible encore l'incon-
séquence de votre objection.

Vous faites soupçonner, Monsieur,
que j'ai tiré ce que je dis du *chaulage*,
du comte Ginnani, cité dans le Journal
économique du mois d'août 1764 ; mais
vous n'avez pas pris garde, que ma *lettre
à M. Thierry*, qui annonce ce procédé,
est bien antérieure de date à votre journal, puisqu'elle a paru au mois d'avril
de la même année. Faut-il encore protester que je n'ai jamais lu ce journal, &
que j'ignorois jusqu'à l'existence du comte
italien que vous m'opposez ? Mon procédé d'ailleurs est si peu le sien, que l'ef-

fet de mon chaulage ne fe borne point à féconder la femence, mais qu'il préferve encore le bled, dans tous les temps & dans tous les cas, des maladies qui l'attaquent.

Je ne répondrai point, Monfieur, à la chicane que vous me faites fur certains termes nouveaux pour vous, comme *terres lateufes*, & quelques autres. Il feroit bien étonnant que vous entendiffiez mieux les termes d'ufage à la campagne que le fond même de la matière, où (je fuis fâché de le dire) vous me paroiffez très-novice.

Je ne m'arrêterai pas non plus aux expreffions de mépris dont votre extrait eft femé, & qui ne tendent qu'à déprimer mon ouvrage. Tels détails que vous croyez *minutieux & peu importans*, m'ont paru mériter de l'attention, parce que je ne fuis qu'homme pratique, & nullement homme à hypothèfe ; parce que je ne vois point comme vous de loin, & d'une vue fpéculative, des chofes qu'on ne peut voir de trop près.

Selon vous, tout ce que je dis eft connu ; mais ce que je ne vois point pratiquer, malgré le bien évident qu'il produiroit, eft pour moi comme s'il étoit inconnu, & ne peut du moins être trop in-

culqué. De plus, tout ce qui est utile &
vrai, ne peut être, à ce qu'il me semble,
confirmé par trop de témoignages, & j'ai
cru devoir ajouter le mien à tous ceux
que vous prétendez connoître.

Dans mes détails sur les labours, j'expose simplement ce que je crois par-tout
également praticable; mais je suis bien loin
de penser, qu'on puisse soumettre en un
instant tous les cultivateurs du royaume
à une unique & même méthode. Je sais
peut-être encore mieux que vous, Monsieur, les difficultés qu'il y auroit à la
faire adopter généralement, parce que je
les vois sûrement ces difficultés de plus
près que vous, & que je connois mieux
l'Agricole. Vous devriez même me savoir un peu plus de gré de ma modestie :
car je n'ai pas été du moins jusqu'à proposer, comme des écrivains de votre connoissance, comme feu M. de Létang &
d'autres après lui, de faire rendre des ar-
rêts du conseil, pour contraindre les laboureurs à s'assujettir à ma méthode. Je
suis trop bon citoyen pour penser jamais
à faire mettre de pareilles entraves à l'in-
dustrie de l'agriculteur; ce seroit le moyen
de tout perdre. Je ne prétends pas non
plus au titre de réformateur ; j'ai cherché
simplement à être utile, & je n'imaginois

point qu'on pût s'attacher, de gaîté de
cœur, à déprimer les écrits d'un citoyen,
qui, fans prétention, fans cabale, a cru
devoir rendre public ce que fa feule expérience lui a fait découvrir de plus propre à perfectionner la culture. Je n'ai fait
qu'expofer mes vues & ce que j'ai pratiqué moi-même avec un fuccès toujours conftant. Qu'un autre trouve
mieux, je n'en ferai point jaloux : car
pourvu que le bien fe faffe, qu'importe
par qui ?

Vous femblez, Monfieur, invoquer
fur le fuccès de mes labours & de mes
travaux le témoignage de mes voifins.
Non-feulement je ne le récufe pas, mais
encore je vous invite vous-même, &
tous ceux qui pourroient penfer comme
vous, quelles que foient les difpofitions
que vous y apportiez, à venir me cen-
furer fur les lieux. C'eft ce qui ne fera
peut-être pas auffi aifé à faire que fur le
papier.

Je dirai plus : j'ofe attefter fur toute la
foi que peut mériter un bon citoyen,
voué uniquement à la vérité, dépouillé
de tout intérêt de partie, & qui ne tient
qu'à l'amour du bien public, que ma méthode aura le même fuccès dans tous les
pays du royaume, & dans toutes les cir-

constances. Venons à la conservation des
bleds.

Le mélange du bled vieux avec le bled
nouveau, que je propose, tant pour la
conservation que pour l'amélioration
du grain, est encore une chose qui gît
en fait ; & votre logique, Monsieur,
échouera toujours contre l'expérience.

S'il n'étoit question que du temps pendant lequel je prétends conserver le bled
par cette méthode, je démontrerois qu'il
peut se conserver aussi long-temps que le
vin, sans même entrer dans les raisons
que vous donnez inutilement de la durée
du vin de garde, parce qu'elles sont connues du moindre vigneron.

Mais de ce que le bled nouveau communique de la force à l'ancien, il ne s'ensuit pas qu'il perde à proportion de la
sienne, puisqu'il faut nécessairement, pour
garder la nouvelle récolte, qu'elle jette
son feu, & que, pour ainsi dire, elle res-
sue, *exsudet* : ce qu'elle ne fait point,
sans répandre une partie de son feu & de
ses sucs sur l'ancien bled, & ce que j'appelle le régénérer. L'affoiblissement du
nouveau bled, par cette réaction, est une
chimère de votre physique, si vous avez
pu me l'objecter de bonne-foi. Je vois
bien, après tout, où l'on en veut venir.

j'attaque par-là un systême chéri, même protégé ; celui des *Etuves*. Or, puisque l'occasion s'en présente, je proteste & je protesterai toute ma vie contre l'usage des *Etuves* & des *Fours*. Je soutiens que c'est la méthode la plus pernicieuse de toutes ; & que, de quelque façon qu'on fasse passer le grain par le feu, il ne peut que l'altérer dans sa substance, & en consumer la plus fine fleur. Ce que vous ajoutez sur la disproportion de nouvelles gerbes aux anciennes, qui suffit, selon vous, pour être un obstacle à ce mélange, n'est pas l'ombre d'une objection. Il paroît que vous ne connoissez pas mieux cette partie (la manière de placer le bled dans les granges) que le reste du labourage, sans quoi vous ne l'auriez pas faite.

Je supposerai, si vous voulez, avec vous, Monsieur, que je n'ai donné dans mon ouvrage aucune vue nouvelle ; que personne n'ignore ce que j'ai dit de l'amélioration des prés hauts & bas ; qu'enfin je n'indique que des ressources aisées. Mais, je le répéterai toujours, comme je n'ai vu la plus grande partie des moyens que je propose, pratiqués en aucun endroit (& j'en ai vu sûrement beaucoup), j'ai dû les croire inconnus, & par conséquent en parler. Je vous étonnerois bien, d'ailleurs, si je faisois imprimer le quart des lettres que j'ai reçues à cette occasion, & qui démentent formellement la prétendue notoriété que vous voulez trouver par-tout, sur les objets dont je traite, dans la seule vue de déprécier mon ouvrage. Au reste, en écrivant sur la seule matière que je me pique un peu d'entendre, je n'ai eu d'autre but que de m'opposer au torrent des mauvaises pratiques, & de faire l'acquit de mes connoissances, dont je me suis cru comptable au public : en profitera qui voudra. Je laisse aussi le champ libre à la critique, sauf à y répondre quand j'en aurai le loisir, & qu'elle en méritera la peine.

Je ne sais pas, Monsieur, si vous avez mieux démontré l'utilité des prairies artificielles ; mais je ne la crois pas démontrable, par l'expérience que j'ai du contraire. Aussi, bien loin que tous les éloges donnés au *Traité des prairies factices*, par gens ordinairement plus prompts à applaudir les nouveautés, que capables d'un solide examen, m'aient fait la moindre expression, je vous déclare que je persiste à protester plus que jamais de l'inutilité de ces prairies, & même des inconvéniens qu'il y a à semer de la luzerne & du trèfle dans de bons fonds de terre ;

que par - tout où j'aurai quelque voix,
je continuerai de les proscrire ; & qu'in-
cessamment j'établirai de la manière la
plus forte, mais toujours sur des faits
d'expérience, le contraire de vos préten-
dues démonstrations & des siennes.

L'ouvrage sur *les défrichemens* peut être
plus ample que le mien : cela n'est pas
difficile. Je n'ai fait qu'effleurer en passant
cette matière, que je me réserve encore à
traiter avec un peu plus d'étendue. Mais
je puis dès à présent vous dire que je suis
si peu persuadé de l'utilité de sa méthode,
que je ne crois pas qu'on puisse imaginer
des procédés plus dispendieux & plus propres à détruire de meilleures terres.

En finissant, vous m'accusez d'être en
contradiction avec moi - même, pour
avoir avancé d'une part que tout n'est
pas dit sur l'agriculture (ce qui n'est sûrement que trop vrai), & pour m'être
ensuite élevé contre les écrivains qui,
sans expérience, ne cherchent qu'à se
donner l'air de cultivateurs, ou de gens
à découvertes. Où trouvez-vous là, Monsieur, en bonne logique, l'ombre de con-
trariété ? Tout n'est pas dit sans doute,
mais il ne s'ensuit pas que ce qu'on dit
de nouveau, soit ce qu'il falloit dire :
voilà ma proposition en règle. Arguez-la,

fi vous pouvez, de paralogifme. Qu'il paroiffe un bon ouvrage fur la matière de la culture, un ouvrage ufuel fondé fur des faits de pratique, je ferai le premier à le canonifer.

Mais tant que je ferai convaincu par mes propres yeux, que la plupart des nouvelles méthodes enfantées par vos fpéculatifs n'ont point eu le fuccès qu'on en efpéroit, & que beaucoup de laboureurs qu'on a forcés d'en faire l'effai ont été ruinés, ou font totalement dégoûtés du peu de fruit qu'ils en ont tiré (comme je fuis en état d'en faire l'épreuve), je me défie de toutes à bon droit. Si vous viviez à la campagne, vous verriez, Monfieur, par la réfiftance qu'on éprouve plus que jamais de la part des laboureurs, lorfqu'on veut leur faire adopter la moindre nouveauté en fait de culture, à quoi ont abouti tous les beaux fyftêmes de M. de Létang, & des autres réformateurs de cette efpèce.

Je fuis, Monfieur, &c.

Lettre de M. Rigaud de Lisle, à Crest en Dauphiné, à M. Sarcey de Sutières, du 11 février 1770.

Je suis honteux, Monsieur, d'avoir resté si long-temps sans vous écrire. La lecture des papiers publics m'apprend que votre méthode d'agriculture trouve encore des incrédules & des critiques, & je dois adoucir le déplaisir que vous cause cette opposition, en vous rendant un compte abrégé du succès que m'ont valu vos principes. Mon domaine de l'Isle, dans le voisinage de Crest, le long des rives de la Drôme, contient environ 200 arpens de terres labourables, toutes en plaine; les trois quarts de cette contenance sont cultivées par un métayer, suivant l'usage des pays pauvres, & le quart restant, qui consiste en défrichemens que j'ai faits successivement depuis vingt ans le long de la rivière, ayant exigé des frais & des avances qu'un propriétaire seul est en faculté & en volonté de faire, je le fais valoir pour mon compte propre par des valets & par des journaliers. Dès le retour du domestique que je vous avois envoyé à Bellefontaine en 1768, je fis dresser tous les laboureurs de mon domaine à conduire votre charrue, & je m'en servis pour les deux derniers labours de ma réserve; mes sillons furent bombés; mon bled chaulé suivant votre recette, & mes semences enterrées avec la herse. J'obtins avec peine de mon métayer de m'imiter tout au moins pour le chaulage de ses bleds de semences, & pour enterrer cette semence avec la herse seulement. Le résultat de ces opérations a été de me donner dans ma réserve une récolte de sept & demi pour un, & dans la partie que fait valoir mon métayer, une récolte de cinq pour un, tandis que dans tout ce canton, & même plusieurs lieux à la ronde, l'on n'a pas fait trois pour un : à la vérité, l'automne de 1768 fut très-pluvieuse, & les semailles se firent très-mal. L'usage du pays est d'enterrer le bled à l'araire, & peu de gens chaulent les semences, ou les chaulent mal ; l'humidité du sol aura porté l'araire à trop de profondeur, une partie de la semence aura péri, & ce qui a levé a été contrarié par les mauvaises herbes. Il paroît donc évident que la pratique de votre méthode a garanti ma récolte des inconvéniens que tout le pays a éprouvés, & mon succès m'a encouragé à la suivre encore plus exactement pour mes labours & femailles de 1769. J'aurai l'honneur, Monfieur, de vous rendre compte au temps de fon produit.

La correction des anciens abus & des préventions du payfan fera lente; les bons citoyens doivent ufer de conftance, leur exemple & leurs fuccès feront peu à peu des profélytes. Plufieurs de mes amis m'ont demandé votre charrue, & m'ont envoyé leurs laboureurs pour apprendre à la conduire. Tout s'achemine dans ce canton à vous devoir, Monfieur, bien de la reconnoiffance.

Seconde lettre de M. Rigaud de Lifle, du 6 mars 1770, à M. de Sutières.

Le fuccès que m'a procuré votre mé-thode d'agriculture vous paroîtra en-core mieux marqué, lorfque vous faurez que dans ce canton nous ne fommes pas en état de mettre des engrais fur nos terres labourables. Mon domaine, qui contient 200 arpens de 100 perches de 18 toifes, eft exploité par fix paires de bœufs ou mulets; j'ai, outre cela, fix vaches de lait & un troupeau de 120 moutons; mais tout l'en-grais que produifent ces beftiaux eft nécef-faire pour mes prairies, mon jardinage & mes légumes. Nous avons le mauvais ufage de battre nos bleds fur l'aire en plein champ, après la moiffon, ce qui dégrade beaucoup nos pailles ; elles ne fervent que pour les moutons, & il faut du foin pour les autres beftiaux. Je comprends le vicé de cette façon de battre le grain ; je travaille à en abolir l'ufage dans mon domaine , & à faire toutes les autres améliorations fagement indiquées par vous, Monfieur , & par les autres agriculteurs-pratiques.

Réponfe de M. de Sutières à la lettre de M. Rigaud de Lifle.

J'ai cru devoir publier la lettre que M. Rigaud de Lifle s'eft donné la peine de m'écrire , parce qu'elle ne fait que confirmer la vérité de mes principes de culture , qui ne feront que fructifier de plus en plus , lorfqu'on voudra bien fe donner la peine de les fuivre de point en point. Si les terres de M. Rigaud de Lifle euffent reçu les engrais néceffaires & convenables, au lieu de fept & demi pour un qu'elles lui ont rendu , elles auroient au moins produit dix & même douze pour un ; mais il faut obferver que ces terres , qui n'ont donné que fept & demi pour un, n'ont reçu aucun engrais , parce que , fuivant que me le mande M. Rigaud de Lifle, tous fes fumiers font employés pour fon potager, légumes & prairies. On doit juger de-là, comme il en convient, que le mauvais ufage de battre après la moiffon en plein champ tous les bleds, eft caufe de cette difette d'engrais, parce que prefque toutes les pailles font dégradées ou perdues en partie, tandis qu'en ne battant les bleds, ou autres grains de mars, que journelle-ment, tous les fourrages fervent à four-nir une bonne & faine nourriture à tous les beftiaux d'une ferme ou métairie. En vain dira-t-on qu'il n'eft pas poffible que tout le monde puiffe avoir des gran-ges pour y ferrer les différentes récoltes des grains ; avec une grange de trois ou quatre travées, je ferai valoir un do-maine de douze ou quinze charrues, parce qu'en faifant des meules de bled ou au-tres grains, dans le champ même où je récolterai, je peux, à mefure que je fais battre journellement, & que mes trois ou quatre travées de grange font vuides, faire rentrer dans cette même grange une meule des gerbes de grains qui font dans mes champs. Il faut obferver que fi ces meules font bien faites, le grain s'y con-fervera encore mieux que dans la grange; je dis plus, il y acquerra de la qualité. Il

eſt même néceſſaire pour les grains comme pour les fourrages , que la récolte
reſſue & jette ſon feu , ſi l'on veut que
l'un & l'autre aient de la qualité , puiſſent
conſerver & donner une nourriture ſaine
aux hommes & aux beſtiaux.

Lorſqu'on voudra ſuivre les principes
de culture que j'ai publiés , non - ſeulement on ſera en état de ſe procurer des
engrais pour en approviſionner des potagers , &c. mais encore toutes les autres
terres à bleds ; j'oſe même atteſter que
j'ai environ 130 mines de terres enſe-
mencées en bled , la mine de 66 perches
& 22 pieds par perche , qui toutes ont
reçu les engrais néceſſaires & convenables , ſoit en fumiers de vaches , chevaux
& moutons , ſoit en poulnée ou crottins
de poules & pigeons , ſoit par le parc
du troupeau ; tous ces engrais n'ont point
empêché qu'un potager d'environ 8 mines de terrein n'en ait été pourvu aſſez
abondamment ; en un mot , de la récolte
de 1769 , qui conſiſtoit en 100 mines de
bled , & environ 120 mines , tant en
grains de mars que prairies , 8 chevaux
de labour , 15 vaches & 300 moutons
ont tous été abondamment pourvus pour
leur nourriture des fourrages de toutes
eſpèces de cette récolte. Je ne parle point

de la nourriture des cochons, poules, dindons & pigeons, dont chaque espèce a reçu les nourritures convenables & nécessaires. Il résulte de tout ce que j'ai annoncé si souvent, que, sans avoir besoin de prairies artificielles, & de recourir à des engrais dispendieux & factices, on peut s'en procurer de naturels & très-analogues aux différentes natures de terres.

Manière de bomber les planches avec la charrue.

PAR M. SARCEY DE SUTIÈRES.

En supposant qu'on donne quatre labours aux terres qu'on veut ensemencer en bleds, voici de quelle façon on fait les planches & les bombemens que je crois nécessaires. On forme d'abord les planches plus ou moins larges, suivant que l'exige le terrein humide ou sec; dans l'un & l'autre cas les planches sont terminées de droite & de gauche par des rayons ou raies; au second labour on forme de nouvelles planches de même largeur, pour que les premiers rayons soient confondus, & qu'il s'en fasse de nouveaux; au troisième labour, on fait

de même, & l'on passe ensuite le dos de
la charrue, de façon qu'elle porte sur la
dernière raie ou rayon de chaque planche, ce qui ramène de la terre pour remplir la raie ou rayon qui termine chaque
planche; au quatrième labour se forme
le bombement des planches.

Il faut, pour cette opération, commencer à labourer à-peu-près au milieu de la
planche (le soc de la charrue en marchant renverse la terre à gauche); lorsque
vous êtes au bout du terrein, vous tournez
la raie qui est déjà faite, vous renversez la
terre par ce moyen sur celle qui l'a déjà
été; vous labourez ces deux raies de deux
pouces environ plus profond dans la terre,
que vous ne l'aviez fait dans les précédens labours ; à la seconde raie que vous
faites en revenant sur la première, vous
reprenez une partie de la terre renversée
par le premier coup de charrue que vous
retournez sur elle-même, ce qui élève
encore mieux la terre au milieu de la
planche; vous enfoncez ensuite de moins
en moins la charrue, à proportion que
vous vous éloignez du milieu de la planche; la terre se trouve par ce moyen
moins élevée, & procure la pente néceffaire pour l'écoulement des eaux.

En faisant le troisième labour, on peut

commencer à former le bombement en enfonçant un peu le soc de la charrue dans le milieu de la planche, ce qui facilite au quatrième labour le bombement plus élevé & nécessaire pour les terres humides & froides.

OBSERVATIONS

DE M. SARCEY DE SUTIÈRES,

Sur une graine qui pourroit servir à faire de la poudre à poudrer.

ON a invité à chercher les moyens de faire de la poudre pour les cheveux sans se servir de farine de bled. On a proposé le marron d'Inde, la fève blanche, le bled de Turquie ; mais quelques épreuves qu'on ait faites de ces substances farineuses, elles seront toujours trop mattes & trop lourdes, même trop grasses, pour pouvoir remplacer la farine de froment. Je n'ai trouvé jusqu'à présent qu'une seule graine qui produise de la farine plus blanche & plus légère que celle du froment. Cette graine est la nielle [*nigella*] qu'on a soin de détruire dans les champs où l'on cultive le bled.

Un arpent ensemencé de cette graine produiroit autant de farine que trois arpens en bled. On retireroit de cette culture deux avantages ; le premier de faire de la poudre fupérieure en qualité; & le fecond de manger le bled qu'on emploie à faire la poudre. Si l'on vouloit en tirer une plus grande production, on pourroit chauler cette graine comme on fait le froment, excepté qu'il ne feroit pas nécef- faire d'ajouter de la chaux aux autres in- grédiens que j'ai indiqués.

ADDITION.

Observations de M. de Sutières, sur la manière de chauler les grains.

PRENEZ un cuvier, tonneau, ou autre vaisseau d'environ un muid & demi, mettez-y environ un boisseau de crottins de brebis ou moutons, même quantité fiente de pigeons ; environ un boisseau de celle de poules, autant de celle de chevaux, mulets ou ânes, même quantité de bouse de vaches, un boisseau & demi ou environ de suie de cheminée (1). Lorsque tous ces ingrédiens sont dans le tonneau, on le remplit d'eau de lessive, dans laquelle on a fait bouillir du genêt ; & si l'on n'avoit pas assez de lessive, il faudroit prendre celle qui coule sous les fumiers, ou dans les mares des basses-cours. Lorsque le vase est ainsi

---

(1) Si par hasard on manquoit de quelqu'un de ces ingrédiens, on pourroit augmenter la dose de ceux qu'on auroit, pour tenir lieu de celui qui ne se trouveroit pas.

rempli, on prend un gros & grand bâton, avec lequel on remue bien fort tous les ingrédiens, jusqu'à ce qu'ils fermentent comme le vin dans la cuve; cette opéraration se fait deux fois par jour, pendant quatre à cinq jours. Tout ce mélange ne forme alors qu'une espèce d'huile, ou d'eau très-graffe.

Toute les fois qu'on veut apprêter ou chauler la semence, on prend un boiffeau de cette liqueur, qu'on a bien foin de remuer avant que de la tirer du tonneau, & on la jette fur un tas de grains qui doit former environ un feptier, mefure de Paris. Il faut alors, avec des pelles, remuer le bled jufqu'à ce que chaque grain foit bien enveloppé de la liqueur. Si un feau ne fuffifoit pas, on pourroit en reprendre ce qui feroit néceffaire pour que les grains fuffent très-bien chaulés. On doit laiffer le bled en tas pendant fept à huit heures, après quoi on le remue encore avec les pelles dans la crainte qu'il ne s'échauffe, & lorfqu'on l'a remué une troifième fois, il eft affez fec pour être femé. S'il furvenoit un mauvais temps pendant les femailles, il faudroit avoir foin de faire remuer deux fois par jour les grains ainfi chaulés, & par ce moyen ils pourroient fe garder pendant un mois fans fe gâter,

Lorsqu'on a des terres humides & froides à ensemencer, on peut faire éteindre dans de l'eau de lessive ou de mare un bon boisseau de chaux, & après qu'elle est éteinte, il faut la jeter dans le cuvier ou tonneau, remuer le tout, afin que la chaux puisse se diviser & s'amalgamer avec la liqueur dont on vient de voir la composition.

Si le chaulage des grains est bien fait, on peut être assuré qu'il faut beaucoup moins de semences que si le grain n'étoit pas chaulé de cette manière, que la végétation est plus prompte & plus vigoureuse, que la plante du bled fait une plus forte production, que les grains sont plus gros, mieux nourris, & exempts de maladies; en un mot, que le bled est en état de résister à toutes les intempéries de l'air, & que la semence n'est jamais attaquée par les insectes. Il n'est pas nécessaire que cette liqueur soit chaude pour la répandre sur les grains qu'on doit semer suivant la méthode ordinaire, c'est-à-dire à bras d'homme, après avoir fait donner au sol le quatrième labour de la même profondeur que les trois précédens. On ne doit herser pour enterrer la semence qu'en suivant la direction des planches, avec l'attention de faire rabattre les arêtes de chaque planche, afin que la terre de récurage de chacune de ces planches retombe assez pour recouvrir la semence qui doit se trouver dans chaque raie qu'on fait pour terminer les planches.

Explication de quelques termes employés dans l'Ecole d'Agriculture, &c.

Terre casse ou glutineuse; c'est une terre qui s'attache comme de la poix, qu'on peut rouler dans la main, & qui se casse lorsqu'elle est très-sèche. Ces terres sont ordinairement mélangées d'une terre rouge & de glaise: il y en a de noire.

Terre latteuse; les unes sont composées de sable, de blanc limon, & d'un peu d'argille; d'autres sont un mélange d'un peu de sable & d'un peu d'argille; elles sont plus ou moins humides, suivant la quantité d'argille. On les nomme latteuses, parce qu'elles deviennent unies comme une latte lorsqu'elles sont battues des pluies, ou trop desséchées.

Terre à blanc limon; c'est une terre blanche franche: il y en a de différentes espèces.

Chaillée, ou masoche; c'est une espèce de petite marguerite blanche, qui a une odeur très-fétide : on l'appelle camomille puante.

Queue de cheval ; *equi setum cauda, equina* ; en français, prêle. Cette plante croît dans les lieux humides, & a une racine très-profonde : il est presque impossible de la détruire.

Vignon, ou ajonc ; espèce de ronce qu'on trouve dans les friches : c'est le jonc marin.

Porchelette, ou chalouffe, macasson, ou *latirus arvensis flore purpureo* ; plante à petites feuilles qui n'a pas la force de se soutenir lorsqu'elle s'est élevée à sept à huit pouces, elle retombe, & traîne à terre. Les cochons sont friands de cette plante, ce qui lui a fait donner le nom de porchelette.

Plumart, *melampyrum* : petite espèce ; on a donné ce nom à une plante qui s'élève à un pied, un pied & demi, ce qui forme à ses extrémités la figure des poils de plume.

Vrille, espèce de petit convolvulus, qui s'attache aux plantes en tournant le long des tiges ; la fleur est en entonnoir.

Réveil matin, ou titimale ; en latin, *tithy malus, & peplus.*

F I N.

TABLE DES MATIÈRES

Contenues dans ce volume.